一年的育兒日記

出生～1歲寶寶記綠

My Baby's 365 Diary

目錄
Contents

育兒生活大補帖

給寶寶嘗嘗這些副食品！

編者序

送給寶寶的最佳禮物！

這是一本專門用來記錄出生～1歲寶寶的日記本，超大欄位表格的設計，是以每一天為單位，方便爸比、媽咪每天做記錄。日記本內容包含寶寶睡眠、飲食、排便、換尿片等生、心理狀況記錄，以及爸比、媽咪每天最即時的育兒心情，更有48則育兒生活大補帖、192個mama&baby小常識的分享。

當然，除了實用的日記表格和育兒健康資訊之外，還貼心設計了「寶寶小檔案」、「寶寶大頭貼」、「寶寶諺語」、「珍貴的手印和腳印」、「禮物記錄表」等小單元，既溫馨又可愛。親手替寶寶保存珍貴的成長回憶，當他長大翻閱時，就像是打開時空膠囊一樣吧！

此外，日記本中的小常識分享和育兒生活大補帖，是收集了許多媽咪、爸比們的寶貴意見整理而來。因每一個寶寶的個體發展都有差異，建議可根據自家寶寶的實際狀況，向專業醫師尋求幫助或解答。

本書中的食譜大部分取自《懷孕・生產・育兒大百科超值食譜版》、《0～6歲嬰幼兒營養副食品和主食》、《寶寶最愛吃的營養副食品》及《媽媽的第一本寶寶書》（朱雀文化出版）等書。

寶寶，歡迎你！
Welcome My Baby!

親愛的寶寶，歡迎你來到我們家。

的第一張照片

時間：　　　　年　　月　　日
地點：

甜蜜的那一刻
Mami's Sweet Time

即使心裡非常的忐忑不安，
媽咪勇敢地進入產房。
不一會，
哇哇哇，傳來陣陣天使的哭聲，
媽咪笑了。

媽咪心情

進入產房前的媽咪
是什麼心情？
身體有什麼變化？

看到寶寶出生的那一刻，
媽咪心裡想什麼？

寶寶小檔案
My Baby's Profile

今天出生的寶寶，將來會是個怎麼樣的人呢？
爸比和媽咪希望你是個聰明、善良、樂觀的人。

姓名		生肖	
小名		身高	
生日		體重	
血型		特徵	
星座		個性	

最紅的電影是

最受歡迎的藝人是

最流行的話是

今年發生的重大事件

最受歡迎的卡通

小朋友最喜歡的點心

男生最常見的名字

女生最常見的名字

寶寶誕生的那一天
Sweet Birthday

親愛的寶寶，想知道你出生的時候，
周遭發生了哪些有趣的事情嗎？

珍貴的
手印和腳印

My Baby's Hand Prints
& Foot Prints

剛出生的寶寶，小小的手和腳實在
太可愛了。留下這些印記，讓成長
的記錄更完整。

剛出生的手印

年　　月　　日

剛出生的腳印

年　　月　　日

六個月大的手印

年　　月　　日

六個月大的腳印

年　　　月　　　日

該怎麼將寶寶的手印、腳印印在紙張上面呢？可將寶寶的手、腳以印泥壓好，印在卡片紙上，再以溫和的中性清潔水將手腳洗淨。等印好的卡片乾了，護貝後再貼在本子上即可。

寶寶日記使用方法
How To Use Baby Diary

寶寶健康成長是爸比、媽咪最大的願望。為了能更瞭解寶貝的成長，可從寶寶出生的第一天起，將他每天的飲食、健康、互動等狀況，像排便、餵奶、換尿布的時間完整記錄。當然，除了生理以外，寶寶第一次笑、長第一顆牙、第一次爬、第一次走路、第一次叫爸比媽咪、滿月慶祝，更是不能錯過。相信透過每一天的記錄，這會是一本送給長大的寶寶最佳的禮物。

每一頁的表格大致可記錄 2 天，出生的第一天從「0 個月第 1 週」開始記錄即可。填寫表格前可先閱讀以下的解說喔！

❶ 出生月
指寶寶出生後月數。在當個月以粗體字和深色框標示，可方便日後翻閱前面的資料。

❷ 記錄月份和週數
填寫月份和週數，出生的第一天從「0 個月第 1 週」開始填寫。

❸ 日期和天氣
寫下正確的日期和當天的天氣狀況。

❹ 每天的時間
共分成上午、下午各 12 小時，每小時一個區塊，可自行填寫上較精準的時間，例如：3:15、4:20 等等，再以畫直線的方式標示時間長短。

❺ 睡眠
不同時期的寶寶睡眠時間有差異，而且分成好幾段。

❻ 飲食
這時期的寶寶飲食，以母奶和配方奶為主。母奶可以⊕標記，而配方奶用⊕標記。此外，別忘了記下寶寶喝的奶量。

❼ 排便
除了可以用 ⸮、⸮ 的記號來表示量多量少，也可同時記下便便的顏色，或是硬便、軟便等。

❽ 換尿片
以△記號，記錄下換尿片的時間，可預估寶寶每次更換時間，避免屁屁長濕疹。

❾ 其他事項
例如：洗澡、逗弄玩樂、親子互動和生理狀況等。

❿ Mama's memo
可將表格中的細項做更清楚的描述。此外，也可記錄媽咪的育兒心情等。

⓫ Total
將喝奶量、次數、排便、換尿布和睡眠時間，以每天為一個單位記錄下來。

⓬ mama&baby 小常識
是關於這個時期寶寶飲食、生長發育、健康醫療等相關常識，媽咪若有疑問的地方，建議直接詢問醫師。

⓭ Baby 的一天
針對特殊的生理、心理情況，做更詳細的記錄。

②

4個月 第1週 *Day 3*

③

| 月 | 日 | 星期 | 天氣 |

④ ⑤ ⑥ ⑦ ⑧ ⑨

⑩

①

0
1
2
3
4
個月
5
6
7
8
9
10
11

時間	睡覺	喝奶	便便	換尿片	其他
1:00	•			✓	
2:					
3:					
4:20	•	母 70c.c.		✓	
5:					
6:00	•				
7:					
8:00	•				
9:			✓少	✓	
10:		母 70c.c.			
11:00	•				
12:					
1:20					
2:				✓	洗澡
3:00	•				
4:00	•				
5:					
6:		母 70c.c.			
7:			✓少	✓	
8:15	•				
9:					
10:					
11:30	•				
12:		80c.c.		✓	

Mama's memo

· 今天寶寶一整天都睡得很安穩，都沒有哭鬧，我也睡了一個好眠。

· 開始排硬便便，不再是稀稀水水的軟便。

· 從 4 個月第 1 週開始，為了增加寶寶的營養，多添加了配方奶。

· 下午和媽媽一起幫小寶寶洗澡，寶寶似乎很喜歡水，小手不停拍打。

⑪

換尿片 **6** 次 **Total**
喝奶（母乳或配方奶）
　　4 次 **290** c.c.
便便 **2** 次

⑫

ⓘ mama&baby 小常識

家中的寶寶有異位性皮膚炎時，如果是喝母奶，媽咪更要注意自己的飲食。像媽咪吃的雞蛋、牛乳蛋白，可能會使寶寶的異位性皮膚炎更嚴重。

⑬

寶寶今天開始願意給爸比、媽咪、奶奶以外的陌生人抱了。

Baby 的一天

寶寶的第一次
Baby's Milestones

不知不覺中，
寶寶已經會抬頭、翻身囉！
爸比媽咪都好開心。
即使每天再忙碌，媽咪也想將許多
寶貴的第一次經驗記錄下來。

第一次發出啊、呀等
單音節

　　年　　月　　日

第一次會笑

　　年　　月　　日

第一次叫爸爸

　　年　　月　　日

第一次叫媽媽

　　年　　月　　日

第一次會抬頭

　　年　　月　　日

第一次握拳的雙手會張開

　　年　　月　　日

第一次自己翻身

　　年　　月　　日

第一次會坐

年　月　日

第一次拍拍手

年　月　日

第一次會自己走路

年　月　日

第一次出門

年　月　日

第一次用手拿東西吃

年　月　日

第一次

年　月　日

長了第一顆牙

年　月　日

第一次打預防針

年　月　日

第一次

年　月　日

寶寶大頭貼
My Baby's Photo

可愛的寶寶一天天成長，笑容、表情也更豐富了。成長只有一次，爸比、媽咪可以用拍照、繪圖記錄下這珍貴的每一刻，讓瞬間變成永恆。

2 個月大　時間：　　年　月　日　　地點：

將照片貼上，或幫寶寶畫畫吧！

1 個月大　時間：　　年　月　日　　地點：

將照片貼上，或幫寶寶畫畫吧！

3 個月大　時間：　　年　月　日　　地點：

將照片貼上，或幫寶寶畫畫吧！

4 個月大

時間： 年 月 日
地點：

將照片貼上，或幫寶寶畫畫吧！

6 個月大

時間： 年 月 日
地點：

將照片貼上，或幫寶寶畫畫吧！

5 個月大

時間： 年 月 日
地點：

將照片貼上，或幫寶寶畫畫吧！

7 個月大

時間： 年 月 日
地點：

將照片貼上，或幫寶寶畫畫吧！

8 個月大

時間： 年 月 日

地點：

將照片貼上，或幫寶寶畫畫吧！

10 個月大

時間： 年 月 日

地點：

將照片貼上，或幫寶寶畫畫吧！

9 個月大

時間： 年 月 日

地點：

將照片貼上，或幫寶寶畫畫吧！

11 個月大

時間： 年 月 日

地點：

將照片貼上，或幫寶寶畫畫吧！

0 個月

Newborn

寶寶健康地呱呱落地了，全家人都沉浸在這份喜悅當中。
小小的身體、瞇瞇的眼睛、如櫻桃般的嘴巴，
看著他每天安穩地進入甜甜夢鄉，
爸比、媽咪心中滿滿的幸福。

寶寶諺語

台語中常聽見「一眠大一吋」這句話，是希望新生嬰
兒好好睡覺，自然能分泌充足的荷爾蒙，幫助健康長
大，快樂成長。

出生 第1週 — Day 1

時間	睡覺	喝奶	便便	換尿片	其他
1:					
2:					
3:					
4:					
5:					
6:					
7:					
8:					
9:					
10:					
11:					
12:					
1:					
2:					
3:					
4:					
5:					
6:					
7:					
8:					
9:					
10:					
11:					
12:					

月　日　星期　天氣

Mama's memo

換尿片 ____ 次　Total
喝奶（母乳或配方奶）
____ 次　____ c.c.
便便 ____ 次

Day 2

時間	睡覺	喝奶	便便	換尿片	其他
1:					
2:					
3:					
4:					
5:					
6:					
7:					
8:					
9:					
10:					
11:					
12:					
1:					
2:					
3:					
4:					
5:					
6:					
7:					
8:					
9:					
10:					
11:					
12:					

月　日　星期　天氣

Mama's memo

換尿片 ____ 次　Total
喝奶（母乳或配方奶）
____ 次　____ c.c.
便便 ____ 次

ℹ mama&baby 小常識

新生嬰兒換尿布的次數多，建議可替寶寶換上開襠處是鈕子的連身衣服，在換尿布的時候比較方便。儘量不要穿有領子的衣服，以免衣領擋住寶寶的臉，摩擦柔嫩的皮膚，引發過敏。

Baby 的 ___ 天

Day 3

月　日　星期　天氣

時間	睡覺	喝奶	便便	換尿片	其他
1:					
2:					
3:					
4:					
5:					
6:					
7:					
8:					
9:					
10:					
11:					
12:					
1:					
2:					
3:					
4:					
5:					
6:					
7:					
8:					
9:					
10:					
11:					
12:					

Mama's memo

換尿片　　次　Total
喝奶（母乳或配方奶）
　　次　　c.c.
便便　　次

Day 4

月　日　星期　天氣

時間	睡覺	喝奶	便便	換尿片	其他
1:					
2:					
3:					
4:					
5:					
6:					
7:					
8:					
9:					
10:					
11:					
12:					
1:					
2:					
3:					
4:					
5:					
6:					
7:					
8:					
9:					
10:					
11:					
12:					

Mama's memo

換尿片　　次　Total
喝奶（母乳或配方奶）
　　次　　c.c.
便便　　次

mama&baby 小常識

新生嬰兒需不需要喝水呢？專家指出，3個月前的寶寶不論是喝母奶或是配方奶，其中都已經含有 80％的水分，所以只要寶寶有按時定量喝奶，媽咪就不需要額外再給寶寶喝水喔！

Baby 的一天

0 個月　1　2　3　4　5　6　7　8　9　10　11

出生 第 1 週

Day 5

月　日　星期　天氣

時間	睡覺	喝奶	便便	換尿片	其他
1：					
2：					
3：					
4：					
5：					
6：					
7：					
8：					
9：					
10：					
11：					
12：					
1：					
2：					
3：					
4：					
5：					
6：					
7：					
8：					
9：					
10：					
11：					
12：					

Mama's memo

換尿片 ☐ 次　**Total**
喝奶（母乳或配方奶）
☐ 次　☐ c.c.
便便 ☐ 次

Day 6

月　日　星期　天氣

時間	睡覺	喝奶	便便	換尿片	其他
1：					
2：					
3：					
4：					
5：					
6：					
7：					
8：					
9：					
10：					
11：					
12：					
1：					
2：					
3：					
4：					
5：					
6：					
7：					
8：					
9：					
10：					
11：					
12：					

Mama's memo

換尿片 ☐ 次　**Total**
喝奶（母乳或配方奶）
☐ 次　☐ c.c.
便便 ☐ 次

ℹ mama&baby 小常識

選購配方奶時，除了必須留意製作和保存日期，還得注意奶粉中所含的蛋白質是否足夠。一般來說可從包裝上面看到含量多寡，但因為每一個寶寶吸收的狀況不同，爸比和媽咪應該從寶寶每天攝取的奶量等各方面做評估。

Baby 的一天

Day 7

| | 月　日　星期　天氣 |

Mama's memo

時間	睡覺	喝奶	便便	換尿片	其他
1:					
2:					
3:					
4:					
5:					
6:					
7:					
8:					
9:					
10:					
11:					
12:					
1:					
2:					
3:					
4:					
5:					
6:					
7:					
8:					
9:					
10:					
11:					
12:					

Total
換尿片 ☐ 次
喝奶（母乳或配方奶）
☐ 次 ☐ c.c.
便便 ☐ 次

ℹ mama&baby 小常識

有些不肖的廠商會在市售的配方奶中加入富含氮的三聚氰胺，以代替成本較高的蛋白質原料。建議選購時，可購買經過國家認證、有清楚標示成分來源的商品，才能確保寶寶喝得健康，滿足寶寶成長所需的養分。

育兒生活大補帖
Baby Tips

出生 0 ～ 1 個月寶寶的特徵
這時期的寶寶最大的特徵是睡眠時間長、便便和尿尿次數多、容易餓、不明原因哭泣等等。

身高和體重
如果以每天增加 25 ～ 30 公克來看，一個月如果沒有增重 1 公斤，表示吃太少。身高方面，1 ～ 3 個月的寶寶，每個月大概長高 3 ～ 5 公分。所以，這個時期的寶寶，可以說是人生中生長發育最迅速的一個階段。

睡眠時間長
剛離開媽咪身體的寶寶，毫無白天夜晚之分，一天有將近 18 ～ 20 個小時反覆在睡覺。差不多要 3 個月後才能分辨白天和夜晚。

不明原因哭泣
寶寶不會講話，所以用哭泣來表達情緒或不舒服。寶寶最常哭泣的原因是肚子餓了，媽咪可以試試將食指第二關節外側靠近寶寶嘴邊，如果寶寶有吸吮的動作，就表示肚子餓了。此外，也可以看看是否便便或尿尿了，或者太熱、太冷等原因。

便便和尿尿次數多
寶寶的腸道還沒有發育好，一進食胃就會鼓起來，反射性排泄，所以排便、排尿的次數較多。

對較大的聲響有反應
雖然沒有辦法聆聽小聲音或辨別音源，但這時對較大的聲響已有反應。

出生 第2週

Day 1

| 月 | 日 | 星期 | 天氣 |

時間	睡覺	喝奶	便便	換尿片	其他
1:					
2:					
3:					
4:					
5:					
6:					
7:					
8:					
9:					
10:					
11:					
12:					
1:					
2:					
3:					
4:					
5:					
6:					
7:					
8:					
9:					
10:					
11:					
12:					

Mama's memo

換尿片 ___ 次　**Total**
喝奶（母乳或配方奶）
___ 次　___ c.c.
便便 ___ 次

Day 2

| 月 | 日 | 星期 | 天氣 |

時間	睡覺	喝奶	便便	換尿片	其他
1:					
2:					
3:					
4:					
5:					
6:					
7:					
8:					
9:					
10:					
11:					
12:					
1:					
2:					
3:					
4:					
5:					
6:					
7:					
8:					
9:					
10:					
11:					
12:					

Mama's memo

換尿片 ___ 次　**Total**
喝奶（母乳或配方奶）
___ 次　___ c.c.
便便 ___ 次

個月
0 1 2 3 4 5 6 7 8 9 10 11

ⓘ mama&baby 小常識

新生嬰兒還不適合外出，大概要到 2 個月以後，才可以到
離住家不遠的地方走動、散步。人潮聚集的地方盡量避免
前往，以免細菌、病毒的感染，很容易生病。

Baby 的一天

時間	睡覺	喝奶	便便	換尿片	其他
1:					
2:					
3:					
4:					
5:					
6:					
7:					
8:					
9:					
10:					
11:					
12:					
1:					
2:					
3:					
4:					
5:					
6:					
7:					
8:					
9:					
10:					
11:					
12:					

月　日　星期　天氣

Mama's memo

換尿片 ___ 次　**Total**
喝奶（母乳或配方奶）
___ 次 ___ c.c.
便便 ___ 次

時間	睡覺	喝奶	便便	換尿片	其他
1:					
2:					
3:					
4:					
5:					
6:					
7:					
8:					
9:					
10:					
11:					
12:					
1:					
2:					
3:					
4:					
5:					
6:					
7:					
8:					
9:					
10:					
11:					
12:					

月　日　星期　天氣

Mama's memo

換尿片 ___ 次　**Total**
喝奶（母乳或配方奶）
___ 次 ___ c.c.
便便 ___ 次

一年的育兒日記
My Baby's 365 Diary

O
個月
1
2
3
4
5
6
7
8
9
10
11

ⓘ mama&baby 小常識

剛出生的寶寶睡眠時間較長是正常的，一天平均要睡 18～20 個小時，便便、尿尿或肚子餓時會醒過來。這個時期一天大概便便 2～3 次，尿尿 5～7 次，或者更多。

Baby 的一天

出生 第2週

Day 5

月　日　星期　天氣

時間	睡覺	喝奶	便便	換尿片	其他
1:					
2:					
3:					
4:					
5:					
6:					
7:					
8:					
9:					
10:					
11:					
12:					
1:					
2:					
3:					
4:					
5:					
6:					
7:					
8:					
9:					
10:					
11:					
12:					

Mama's memo

換尿片 ＿＿＿ 次　Total
喝奶（母乳或配方奶）
＿＿＿ 次　＿＿＿ c.c.
便便 ＿＿＿ 次

Day 6

月　日　星期　天氣

時間	睡覺	喝奶	便便	換尿片	其他
1:					
2:					
3:					
4:					
5:					
6:					
7:					
8:					
9:					
10:					
11:					
12:					
1:					
2:					
3:					
4:					
5:					
6:					
7:					
8:					
9:					
10:					
11:					
12:					

Mama's memo

換尿片 ＿＿＿ 次　Total
喝奶（母乳或配方奶）
＿＿＿ 次　＿＿＿ c.c.
便便 ＿＿＿ 次

0 個月
1
2
3
4
5
6
7
8
9
10
11

ℹ mama&baby 小常識

如果寶寶是早產兒，因為胃的容量較一般嬰兒小，更容易吐奶、打嗝或腹瀉，所以在飲食上，建議食用較容易吸收的母奶，或者專用的配方奶。而且需以「少量多餐」為原則，隨時注意寶寶的反應做調整。

Baby
的一天

Day 7

月　日　星期　天氣
Mama's memo

時間	睡覺	喝奶	便便	換尿片	其他
1：					
2：					
3：					
4：					
5：					
6：					
7：					
8：					
9：					
10：					
11：					
12：					
1：					
2：					
3：					
4：					
5：					
6：					
7：					
8：					
9：					
10：					
11：					
12：					

換尿片 ____ 次　**Total**
喝奶（母乳或配方奶）
____ 次 ____ c.c.
便便 ____ 次

ⓘ mama&baby 小常識

新生兒也需要修剪指甲，每個星期大約修剪 1 ～ 2 次。建議媽咪準備一支寶寶專用的指甲剪，先稍微練習一下，然後在寶寶睡著時修剪。修剪時媽咪可試著將手肘靠在大腿或桌子上固定，可避免晃動剪到寶寶的肉。

育兒生活大補帖
Baby Tips

準備一個寶寶的醫藥箱──基本器具
棉花棒、餵藥器、水袋、吸鼻器等基本器具，這些都是日常生活中，寶寶的必備用品喔！

溫度計
年紀幼小的寶寶很容易發燒，建議購買耳溫槍取代一般的溫度計，隨時掌握寶寶的健康狀況。

棉花棒
市售有粗細兩種棉花棒，可買較短一點的。粗棉花棒多用在塗抹藥物，而細棉花棒則可清理寶寶的耳屎、鼻屎。

棉花
棉花沾點水用來擦寶寶幼嫩的屁股再適合不過了，可避免破皮。

餵藥器
市售有針對藥水、藥粉餵食的餵藥器，外表很像針筒，防止藥物因寶寶亂動而灑出來。

水袋
新生嬰兒很容易發燒，水袋則是退燒時使用。在水袋中裝入冰涼的水，袋身的柔軟程度較冰枕好，不會弄痛寶寶。

吸鼻器
鼻塞或流鼻水時會讓寶寶很不舒服，而且影響進食，吸鼻器是替寶寶吸鼻涕的好器具。

0 個月
1
2
3
4
5
6
7
8
9
10
11

出生 第3週

Day 1

月　日　星期　天氣

時間	睡覺	喝奶	便便	換尿片	其他
1：					
2：					
3：					
4：					
5：					
6：					
7：					
8：					
9：					
10：					
11：					
12：					
1：					
2：					
3：					
4：					
5：					
6：					
7：					
8：					
9：					
10：					
11：					
12：					

Mama's memo

換尿片　　次　Total
喝奶（母乳或配方奶）
　　次　　　c.c.
便便　　次

Day 2

月　日　星期　天氣

時間	睡覺	喝奶	便便	換尿片	其他
1：					
2：					
3：					
4：					
5：					
6：					
7：					
8：					
9：					
10：					
11：					
12：					
1：					
2：					
3：					
4：					
5：					
6：					
7：					
8：					
9：					
10：					
11：					
12：					

Mama's memo

換尿片　　次　Total
喝奶（母乳或配方奶）
　　次　　　c.c.
便便　　次

個月　0　1　2　3　4　5　6　7　8　9　10　11

ⓘ mama&baby 小常識

寶寶通常都以哭泣來表達慾求，媽咪除了可以察看寶寶是否肚子餓、需要換尿片、發燒，還可以將寶寶抱起，貼近自己的胸部，讓寶寶感到安心。擁抱是最能安撫寶寶情緒的方法。

Baby
的一天

Day 3

時間	睡覺	喝奶	便便	換尿片	其他
1：					
2：					
3：					
4：					
5：					
6：					
7：					
8：					
9：					
10：					
11：					
12：					
1：					
2：					
3：					
4：					
5：					
6：					
7：					
8：					
9：					
10：					
11：					
12：					

Mama's memo

換尿片 ___ 次　Total
喝奶（母乳或配方奶）
___ 次 ___ c.c.
便便 ___ 次

Day 4

時間	睡覺	喝奶	便便	換尿片	其他
1：					
2：					
3：					
4：					
5：					
6：					
7：					
8：					
9：					
10：					
11：					
12：					
1：					
2：					
3：					
4：					
5：					
6：					
7：					
8：					
9：					
10：					
11：					
12：					

Mama's memo

換尿片 ___ 次　Total
喝奶（母乳或配方奶）
___ 次 ___ c.c.
便便 ___ 次

ⓘ mama&baby 小常識

寶寶洗澡的時間以上午 10 點到下午 2 點為佳。喝完奶 30 分鐘內洗澡，會妨礙消化，應該要避免。所以，最好是洗完澡再喝奶比較安全。

Baby
的一天

0
個月
1
2
3
4
5
6
7
8
9
10
11

一年的育兒日記

My Baby's 365 Diary

0
個月
1
2
3
4
5
6
7
8
9
10
11

Day 5　　月　日　星期　天氣

時間	睡覺	喝奶	便便	換尿片	其他
1:					
2:					
3:					
4:					
5:					
6:					
7:					
8:					
9:					
10:					
11:					
12:					
1:					
2:					
3:					
4:					
5:					
6:					
7:					
8:					
9:					
10:					
11:					
12:					

Mama's memo

換尿片 ___ 次　**Total**
喝奶（母乳或配方奶）
___ 次　　c.c.
便便 ___ 次

Day 6　　月　日　星期　天氣

時間	睡覺	喝奶	便便	換尿片	其他
1:					
2:					
3:					
4:					
5:					
6:					
7:					
8:					
9:					
10:					
11:					
12:					
1:					
2:					
3:					
4:					
5:					
6:					
7:					
8:					
9:					
10:					
11:					
12:					

Mama's memo

換尿片 ___ 次　**Total**
喝奶（母乳或配方奶）
___ 次　　c.c.
便便 ___ 次

ℹ mama&baby 小常識

幫寶寶洗澡時，最佳的水溫在 38 ～ 40℃，也就是以手肘試溫度，感覺有些溫熱即可。此外，寶寶洗完澡要趕緊幫他擦乾身體和頭髮，以免感冒。

Baby
的一天

Day 7

| 月 | 日 | 星期 | 天氣 |

時間	睡覺	喝奶	便便	換尿片	其他
1：					
2：					
3：					
4：					
5：					
6：					
7：					
8：					
9：					
10：					
11：					
12：					
1：					
2：					
3：					
4：					
5：					
6：					
7：					
8：					
9：					
10：					
11：					
12：					

Mama's memo

換尿片 ___ 次　Total
喝奶（母乳或配方奶）
___ 次 ___ c.c.
便便 ___ 次

ℹ mama&baby 小常識

新生寶寶的頭上會有一層白白的油垢，叫做「胎脂」，應定時清潔，避免累積成厚垢。如果已經有了一層厚垢，建議媽咪可將消毒紗布以嬰兒油完全浸濕，放在寶寶頭上約10分鐘使油垢軟化再清除。每天重複，頭垢就會消失囉！

育兒生活大補帖
Baby Tips

準備一個寶寶的醫藥箱──護理器具
除了 p.27 介紹的基本器具，另外也可以準備像 OK 繃、消毒紗布、透氣膠帶、蚊蟲咬藥膏、去瘀藥膏、金黴素等護理器具，但記得使用藥膏時，為免刺激，應避開寶寶眼睛、嘴巴等處。

OK 繃
當寶寶身體有傷口時，OK 繃可避免傷口細菌感染，但貼撕時注意避免傷到皮膚。

透氣膠帶
同樣也可以用來包紮小傷口，因透氣的質料，可防止傷口化膿、出水。

剪刀
用來剪斷紗布、膠帶，最好和其他剪刀分開使用，以免刀口帶細菌。

金黴素
一般多用在皮膚和眼睛上的金黴素，具有消毒、殺菌的功用，建議到合格的藥局購買藥品為佳。

蚊蟲咬藥膏
寶寶有時會被蚊蟲叮得手腳滿頭包，像曼秀雷敦等較溫和的藥膏剛好可派上用場。塗抹手部時，若擔心寶寶亂揮手沾到眼睛，可在抹好藥膏後輕貼上 OK 繃。

去瘀藥膏
寶寶有時亂揮動手腳，可能會造成身體的瘀傷，這時塗抹去瘀藥膏即可。塗抹藥膏時為免寶寶亂摸，可戴上寶寶專用手套。

一年的育兒日記

My Baby's 365 Diary

Day 1

月　日　星期　天氣

時間	睡覺	喝奶	便便	換尿片	其他
1：					
2：					
3：					
4：					
5：					
6：					
7：					
8：					
9：					
10：					
11：					
12：					
1：					
2：					
3：					
4：					
5：					
6：					
7：					
8：					
9：					
10：					
11：					
12：					

Mama's memo

換尿片　　　次　Total
喝奶（母乳或配方奶）
　　　次　　　c.c.
便便　　　次

Day 2

月　日　星期　天氣

時間	睡覺	喝奶	便便	換尿片	其他
1：					
2：					
3：					
4：					
5：					
6：					
7：					
8：					
9：					
10：					
11：					
12：					
1：					
2：					
3：					
4：					
5：					
6：					
7：					
8：					
9：					
10：					
11：					
12：					

Mama's memo

換尿片　　　次　Total
喝奶（母乳或配方奶）
　　　次　　　c.c.
便便　　　次

0
個月
1
2
3
4
5
6
7
8
9
10
11

ⓘ mama&baby 小常識

有些小寶寶一醒來習慣性會哭，爸比、媽咪可以試著當寶寶醒來時先逗弄他，或者拉拉他的小手動一動，這樣可以避免寶寶養成一睡醒就哭的習慣，有個美好的一天喔！

Baby
的一天

月　日　星期　天氣

時　間	睡覺	喝奶	便便	換尿片	其他
1 :					
2 :					
3 :					
4 :					
5 :					
6 :					
7 :					
8 :					
9 :					
10 :					
11 :					
12 :					
1 :					
2 :					
3 :					
4 :					
5 :					
6 :					
7 :					
8 :					
9 :					
10 :					
11 :					
12 :					

Mama's memo

換尿片 ▢ 次　**Total**
喝奶（母乳或配方奶）
　▢ 次　▢ c.c.
便便 ▢ 次

月　日　星期　天氣

時　間	睡覺	喝奶	便便	換尿片	其他
1 :					
2 :					
3 :					
4 :					
5 :					
6 :					
7 :					
8 :					
9 :					
10 :					
11 :					
12 :					
1 :					
2 :					
3 :					
4 :					
5 :					
6 :					
7 :					
8 :					
9 :					
10 :					
11 :					
12 :					

Mama's memo

換尿片 ▢ 次　**Total**
喝奶（母乳或配方奶）
　▢ 次　▢ c.c.
便便 ▢ 次

一年的育兒日記
My Baby's 365 Diary

0
個月
1
2
3
4
5
6
7
8
9
10
11

ℹ mama&baby 小常識

不滿 6 個月大的寶寶無法自己製造抗體，必須從母奶中獲得，所以，這也是為什麼喝母奶的寶寶較不容易生病的理由。母奶中含有免疫球蛋白、乳鐵蛋白，消化功能較弱或有異位性皮膚炎的寶寶喝母奶最好。

**Baby
的一天**

Day 5

月　日　星期　天氣

時　間	睡覺	喝奶	便便	換尿片	其他
1：					
2：					
3：					
4：					
5：					
6：					
7：					
8：					
9：					
10：					
11：					
12：					
1：					
2：					
3：					
4：					
5：					
6：					
7：					
8：					
9：					
10：					
11：					
12：					

Mama's memo

換尿片 ＿＿ 次　Total
喝奶（母乳或配方奶）
＿＿ 次 ＿＿ c.c.
便便 ＿＿ 次

Day 6

月　日　星期　天氣

時　間	睡覺	喝奶	便便	換尿片	其他
1：					
2：					
3：					
4：					
5：					
6：					
7：					
8：					
9：					
10：					
11：					
12：					
1：					
2：					
3：					
4：					
5：					
6：					
7：					
8：					
9：					
10：					
11：					
12：					

Mama's memo

換尿片 ＿＿ 次　Total
喝奶（母乳或配方奶）
＿＿ 次 ＿＿ c.c.
便便 ＿＿ 次

ℹ mama&baby 小常識

家中的寶寶有異位性皮膚炎時，如果是喝母奶，媽咪更要注意自己的飲食。像媽咪吃的雞蛋、牛乳蛋白，可能會使寶寶的異位性皮膚炎更嚴重。

Baby
的一天

Day 7

月　日　星期　天氣
Mama's memo

時間	睡覺	喝奶	便便	換尿片	其他
1：					
2：					
3：					
4：					
5：					
6：					
7：					
8：					
9：					
10：					
11：					
12：					
1：					
2：					
3：					
4：					
5：					
6：					
7：					
8：					
9：					
10：					
11：					
12：					

換尿片 ▢ 次　Total
喝奶（母乳或配方奶）
▢ 次　c.c.
便便 ▢ 次

ℹ mama&baby 小常識

新生寶寶剛喝母奶時，因姿勢等問題常常會造成媽咪乳頭的疼痛。建議媽咪可讓寶寶的嘴巴含住整個乳頭，自己再稍微調整好舒服的餵奶姿勢，就可以順利餵奶。

育兒生活大補帖
Baby Tips

新手爸比看這裡

照顧新生寶寶是件既甜蜜又辛苦的事，尤其媽咪往往因調養身體、餵奶、照顧搞得焦頭爛額，如果這時爸比可以加入，一起負責照護寶寶，不僅有利於親子關係的發展，更能分擔媽咪的辛勞。那爸比可以做哪些事呢？

多瞭解育兒知識

相信對許多爸比而言，育兒是件很陌生的事情。建議可以多閱讀市售的相關育兒書籍、參與媽媽教室，或者聽取已經當爸爸的同事的經驗談，都能幫助瞭解寶寶的發育和成長知識。

買東西

在媽咪坐月子、忙碌照顧寶寶時，爸比若能自動自發買好尿布、奶粉或補齊缺的東西，分工合作，育兒生活更輕鬆。

分擔育兒工作

除了工作的時間外，應該建立一套分工表，例如爸比負責換尿片、清理寶寶用品，媽咪負責餵奶、哄寶寶睡覺，再兩人合作幫寶寶洗澡。

逗弄寶寶

當媽咪為了寶寶張羅飲食而忙碌，或者寶寶一覺起來大哭時，爸比可以主動逗弄、多抱抱寶寶，上班前則可以先摸摸他，讓他熟悉爸比的懷抱，不感到陌生。

一起做家事

不論是專職家庭主婦或上班婦女，照顧小孩都需付出很多精神和體力，很難有閒做清理工作，為了讓媽咪可以安心帶寶寶，建議爸比多分攤家務。

Day 1

| 月　　日　　星期　　天氣 |

時間	睡覺	喝奶	便便	換尿片	其他	Mama's memo
1 :						
2 :						
3 :						
4 :						
5 :						
6 :						
7 :						
8 :						
9 :						
10 :						
11 :						
12 :						
1 :						
2 :						
3 :						
4 :						
5 :						
6 :						
7 :						
8 :						
9 :						
10 :						
11 :						
12 :						

0 個月
1
2
3
4
5
6
7
8
9
10
11

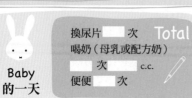

Baby 的一天

換尿片 ____ 次　Total
喝奶（母乳或配方奶）
____ 次 ____ c.c.
便便 ____ 次

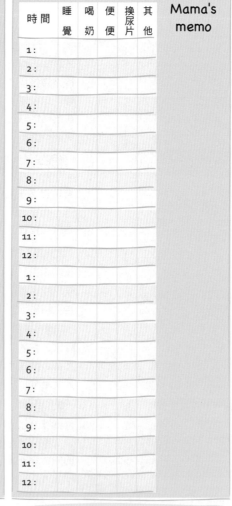

Day 2

| 月　　日　　星期　　天氣 |

時間	睡覺	喝奶	便便	換尿片	其他	Mama's memo
1 :						
2 :						
3 :						
4 :						
5 :						
6 :						
7 :						
8 :						
9 :						
10 :						
11 :						
12 :						
1 :						
2 :						
3 :						
4 :						
5 :						
6 :						
7 :						
8 :						
9 :						
10 :						
11 :						
12 :						

換尿片 ____ 次　Total
喝奶（母乳或配方奶）
____ 次 ____ c.c.
便便 ____ 次

Day 3

| 月　　日　　星期　　天氣 |

時間	睡覺	喝奶	便便	換尿片	其他	Mama's memo
1 :						
2 :						
3 :						
4 :						
5 :						
6 :						
7 :						
8 :						
9 :						
10 :						
11 :						
12 :						
1 :						
2 :						
3 :						
4 :						
5 :						
6 :						
7 :						
8 :						
9 :						
10 :						
11 :						
12 :						

換尿片 ____ 次　Total
喝奶（母乳或配方奶）
____ 次 ____ c.c.
便便 ____ 次

滿 1 個月

Baby 1 Month

寶寶手腳的律動更活潑有節奏了！
看見他對爸比、媽咪笑，
對周遭充滿著新奇，
以後一定是個活潑開朗的好孩子。

寶寶諺語

台語中有「囝仔嘸六月天」的諺語，是說嬰兒比較怕
熱。由於寶寶新陳代謝速度比較快，很容易流汗，所
以必須注意穿衣保暖或者穿太多時流汗的狀況。

1個月 第1週　*Day 1*

月　日　星期　天氣

時間	睡覺	喝奶	便便	換尿片	其他
1：					
2：					
3：					
4：					
5：					
6：					
7：					
8：					
9：					
10：					
11：					
12：					
1：					
2：					
3：					
4：					
5：					
6：					
7：					
8：					
9：					
10：					
11：					
12：					

Mama's memo

換尿片　　　次　Total
喝奶（母乳或配方奶）
　　　次　　　c.c.
便便　　　次

Day 2

月　日　星期　天氣

時間	睡覺	喝奶	便便	換尿片	其他
1：					
2：					
3：					
4：					
5：					
6：					
7：					
8：					
9：					
10：					
11：					
12：					
1：					
2：					
3：					
4：					
5：					
6：					
7：					
8：					
9：					
10：					
11：					
12：					

Mama's memo

換尿片　　　次　Total
喝奶（母乳或配方奶）
　　　次　　　c.c.
便便　　　次

ℹ mama&baby 小常識

這時期的寶寶聽覺漸漸敏銳，容易受到突發聲音的驚嚇而哇哇大哭，或者手腳亂踢動；相反地，對於媽咪的說話聲、優美的音樂旋律會開心舞動。

Baby
的一天

Day 3

| 月 | 日 | 星期 | 天氣 |

Mama's memo

時 間	睡覺	喝奶	便便	換尿片	其他
1:					
2:					
3:					
4:					
5:					
6:					
7:					
8:					
9:					
10:					
11:					
12:					
1:					
2:					
3:					
4:					
5:					
6:					
7:					
8:					
9:					
10:					
11:					
12:					

換尿片 ___ 次　**Total**
喝奶（母乳或配方奶）
___ 次 c.c.
便便 ___ 次

Day 4

| 月 | 日 | 星期 | 天氣 |

Mama's memo

時 間	睡覺	喝奶	便便	換尿片	其他
1:					
2:					
3:					
4:					
5:					
6:					
7:					
8:					
9:					
10:					
11:					
12:					
1:					
2:					
3:					
4:					
5:					
6:					
7:					
8:					
9:					
10:					
11:					
12:					

換尿片 ___ 次　**Total**
喝奶（母乳或配方奶）
___ 次 c.c.
便便 ___ 次

0
1 個月
2
3
4
5
6
7
8
9
10
11

ⓘ mama&baby 小常識
如果家中有購買寶寶衣物專用的洗衣精，就必須將大人和寶寶的衣物分開清洗。但如果沒有特別購買，在寶寶一個月後就可以和大人衣物一起洗，但記得一定要充分曬乾。

Baby 的一天

1個月 第1週 *Day 5*

時間	睡覺	喝奶	便便	換尿片	其他
1：					
2：					
3：					
4：					
5：					
6：					
7：					
8：					
9：					
10：					
11：					
12：					
1：					
2：					
3：					
4：					
5：					
6：					
7：					
8：					
9：					
10：					
11：					
12：					

Mama's memo

換尿片 ☐ 次　Total
喝奶（母乳或配方奶）
☐ 次 ☐ c.c.
便便 ☐ 次

Day 6

時間	睡覺	喝奶	便便	換尿片	其他
1：					
2：					
3：					
4：					
5：					
6：					
7：					
8：					
9：					
10：					
11：					
12：					
1：					
2：					
3：					
4：					
5：					
6：					
7：					
8：					
9：					
10：					
11：					
12：					

Mama's memo

換尿片 ☐ 次　Total
喝奶（母乳或配方奶）
☐ 次 ☐ c.c.
便便 ☐ 次

ℹ mama&baby 小常識

媽咪可以一邊和寶寶說話，一邊輕輕揉捏、撫摸，替寶寶做嬰兒按摩。按摩不僅可幫助血液循環順暢、對身體有益，更能增加母子的親密度。尤其白天在陽光能照射到的地方按摩，更能吸收到陽光中的紫外線，有利於鈣質的吸收。

Baby
的一天

Day 7

時間	睡覺	喝奶	便便	換尿片	其他
1:					
2:					
3:					
4:					
5:					
6:					
7:					
8:					
9:					
10:					
11:					
12:					
1:					
2:					
3:					
4:					
5:					
6:					
7:					
8:					
9:					
10:					
11:					
12:					

月　日　星期　天氣

Mama's memo

換尿片 ☐ 次　**Total**
喝奶（母乳或配方奶）
☐ 次　c.c.
便便 ☐ 次

ⓘ **mama&baby 小常識**
寶寶發育非常快，四肢運動漸漸靈活，建議在每次換尿布時，可以輕輕拉動寶寶的手腳，做一下伸展操。

育兒生活大補帖
Baby Tips

出生 1 ～ 2 個月寶寶的特徵
這時期的寶寶最大的特徵是醒著的時間較長、開始會笑、聽覺更敏銳、身體運動更靈活、喝奶更順利等等。

體重增加
雖然每個寶寶個體發展有所差異，但 1 個月大的寶寶平均重 1 公斤，長高 3 ～ 4 公分。多增加了皮下脂肪，體型變得較圓滾。

醒著的時間拉長
這時期的寶寶醒著的時間較長，爸比、媽咪可以利用這段時間和寶寶玩，或者拿些會發出聲音的小玩具吸引他的注意。

開始會笑
1 個月大的寶寶左右眼漸漸能完成同時聚合，能夠注視物體。所以當他看到爸比、媽咪的臉會開始笑。

聽覺更敏銳
不管是對突發聲響或優美音樂旋律、媽咪的聲音，都開始會有反應。建議在這個時期多輕聲細語和他說說話。

身體運動更靈活
四肢活動變多了，手指頭會放入嘴巴吸吮，雙腿漸漸伸開伸直；趴著時，頭也可以稍微抬高左右動。

喝奶更順利
以喝母奶的寶寶來說，相較於之前的不擅喝奶，這時嘴部周圍的肌肉慢慢結實，懂得用上顎和舌頭夾住奶頭，加上媽咪餵奶姿勢更熟練，寶寶喝奶更順利了。

1 個月 第 2 週 *Day 1*

月　　日　星期　天氣

時 間	睡覺	喝奶	便便	換尿片	其他
1 :					
2 :					
3 :					
4 :					
5 :					
6 :					
7 :					
8 :					
9 :					
10 :					
11 :					
12 :					
1 :					
2 :					
3 :					
4 :					
5 :					
6 :					
7 :					
8 :					
9 :					
10 :					
11 :					
12 :					

Mama's memo

換尿片 ＿＿次　**Total**
喝奶（母乳或配方奶）
＿＿次 ＿＿c.c.
便便 ＿＿次

Day 2

月　　日　星期　天氣

時 間	睡覺	喝奶	便便	換尿片	其他
1 :					
2 :					
3 :					
4 :					
5 :					
6 :					
7 :					
8 :					
9 :					
10 :					
11 :					
12 :					
1 :					
2 :					
3 :					
4 :					
5 :					
6 :					
7 :					
8 :					
9 :					
10 :					
11 :					
12 :					

Mama's memo

換尿片 ＿＿次　**Total**
喝奶（母乳或配方奶）
＿＿次 ＿＿c.c.
便便 ＿＿次

ⓘ mama&baby 小常識

這個時期的授乳量也增加了，大概是 120 ～ 150c.c.。以喝母奶來說，如果寶寶喝飽的時間超過 30 分鐘或 1 小時，需注意奶量是否不足。如果不足，可以外加配方奶給寶寶喝，喝得飽且能吸收營養。

Baby
的一天

Day 3　　月　日　星期　天氣

時間	睡覺	喝奶	便便	換尿片	其他
1 :					
2 :					
3 :					
4 :					
5 :					
6 :					
7 :					
8 :					
9 :					
10 :					
11 :					
12 :					
1 :					
2 :					
3 :					
4 :					
5 :					
6 :					
7 :					
8 :					
9 :					
10 :					
11 :					
12 :					

Mama's memo

換尿片　　次　Total
喝奶（母乳或配方奶）
　　次　c.c.
便便　　次

Day 4　　月　日　星期　天氣

時間	睡覺	喝奶	便便	換尿片	其他
1 :					
2 :					
3 :					
4 :					
5 :					
6 :					
7 :					
8 :					
9 :					
10 :					
11 :					
12 :					
1 :					
2 :					
3 :					
4 :					
5 :					
6 :					
7 :					
8 :					
9 :					
10 :					
11 :					
12 :					

Mama's memo

換尿片　　次　Total
喝奶（母乳或配方奶）
　　次　c.c.
便便　　次

① mama&baby 小常識

寶寶的睡眠時間縮短，平均睡 3 ～ 4 小時會醒來一次。許多寶寶醒來後看不到人會開始哭，爸比、媽咪可以多安撫寶寶，也有的寶寶不易入睡，可抱抱寶寶並和他說說話，讓他感到安心。

Baby
的一天

0
1
個月
2
3
4
5
6
7
8
9
10
11

1 個月 第 2 週　*Day 5*

時間	睡覺	喝奶	便便	換尿片	其他
1:					
2:					
3:					
4:					
5:					
6:					
7:					
8:					
9:					
10:					
11:					
12:					
1:					
2:					
3:					
4:					
5:					
6:					
7:					
8:					
9:					
10:					
11:					
12:					

Mama's memo

換尿片　　次　Total
喝奶（母乳或配方奶）
　　次　　c.c.
便便　　次

ⓘ mama&baby 小常識

寶寶臉部周圍的肌肉慢慢結實，眼睛也可以開始追著移動的物體，會受顏色鮮豔、繽紛的東西吸引。建議可在寶寶胸部上方 30 公分高的地方，掛些可愛的吊飾或音樂鈴，能刺激寶寶的視覺和聽覺。

Day 6

時間	睡覺	喝奶	便便	換尿片	其他
1:					
2:					
3:					
4:					
5:					
6:					
7:					
8:					
9:					
10:					
11:					
12:					
1:					
2:					
3:					
4:					
5:					
6:					
7:					
8:					
9:					
10:					
11:					
12:					

Mama's memo

換尿片　　次　Total
喝奶（母乳或配方奶）
　　次　　c.c.
便便　　次

Baby 的一天

Day 7

月　日　星期　天氣

時間	睡覺	喝奶	便便	換尿片	其他
1:					
2:					
3:					
4:					
5:					
6:					
7:					
8:					
9:					
10:					
11:					
12:					
1:					
2:					
3:					
4:					
5:					
6:					
7:					
8:					
9:					
10:					
11:					
12:					

Mama's memo

換尿片 ▢ 次　**Total**
喝奶（母乳或配方奶）
▢ 次　c.c.
便便 ▢ 次

ⓘ mama&baby 小常識

新生寶寶只能利用哭泣吸引爸比、媽咪的注意來表達需求，媽咪可仔細聆聽寶寶的哭聲，像肚子餓、需要擁抱、便便了或是剛起床找不到人，也許會發現寶寶在不同需求時哭聲有些微的差異。

育兒生活大補帖
Baby Tips

餵母奶的 5 個好處
對消化、吸收尚未發育完全的寶寶來說，母奶是最營養、易吸收的食物。餵母奶不僅對寶寶有好處，更能幫助媽咪產後瘦身、加深親子感情喔！建議產後的媽咪多多餵母奶！

增加寶寶的免疫力
母奶中含有免疫成分，也就是含有對抗疾病、增加免疫力的物質，可以幫助寶寶抵抗各種疾病。而寶寶喝母奶，能降低長大後呼吸器官感染或罹患胃腸障礙的風險。

媽咪產後瘦身
寶寶吸食母奶可幫助媽咪子宮的收縮，也會消耗掉很多的熱量（1 天約 400 ～ 1,000 卡），有助於媽咪產後迅速恢復窈窕，是最不花錢的瘦身方法。

減少過敏症狀
吃母奶的寶寶較少出現過敏症狀，如果寶寶有遺傳性過敏，更建議媽咪餵母奶。讓寶寶持續吃 6 個月以上的母奶，可大大降低過敏的發生。喝不完的母奶還可以用來製作母奶手工皂，對皮膚過敏的寶寶有益。

增進親子感情
餵母奶的話，更能增加寶寶和媽咪親密接觸的時間，媽咪可在寶寶吸食時摸摸他，或者哼哼歌，營造舒適的環境，讓寶寶的情緒更安定。

安全又經濟
母奶不需特別沖泡，替忙碌的媽咪節省不少時間，而且不需多花錢購買又衛生，只要媽咪注意本身的營養均衡和身體健康即可，真是好處多多。

1個月 第3週 *Day 1*

月　日　星期　天氣

時間	睡覺	喝奶	便便	換尿片	其他
1 :					
2 :					
3 :					
4 :					
5 :					
6 :					
7 :					
8 :					
9 :					
10 :					
11 :					
12 :					
1 :					
2 :					
3 :					
4 :					
5 :					
6 :					
7 :					
8 :					
9 :					
10 :					
11 :					
12 :					

Mama's memo

換尿片 ☐ 次　Total
喝奶（母乳或配方奶）
☐ 次 ☐ c.c.
便便 ☐ 次

Day 2

月　日　星期　天氣

時間	睡覺	喝奶	便便	換尿片	其他
1 :					
2 :					
3 :					
4 :					
5 :					
6 :					
7 :					
8 :					
9 :					
10 :					
11 :					
12 :					
1 :					
2 :					
3 :					
4 :					
5 :					
6 :					
7 :					
8 :					
9 :					
10 :					
11 :					
12 :					

Mama's memo

換尿片 ☐ 次　Total
喝奶（母乳或配方奶）
☐ 次 ☐ c.c.
便便 ☐ 次

ⓘ mama&baby 小常識

有些媽咪想餵母奶卻奶量不足，這時建議可在一天中補充
適量新鮮果汁、水，或者食用魚湯、雞湯、花生燉豬腳、
肉類、大豆、南瓜、水果、蔬菜和雞蛋等能促進分泌乳汁
的食物，攝取均衡的養分。

Baby
的一天

Day 3

月　日　星期　天氣

時間	睡覺	喝奶	便便	換尿片	其他
1 :					
2 :					
3 :					
4 :					
5 :					
6 :					
7 :					
8 :					
9 :					
10 :					
11 :					
12 :					
1 :					
2 :					
3 :					
4 :					
5 :					
6 :					
7 :					
8 :					
9 :					
10 :					
11 :					
12 :					

Mama's memo

換尿片 ___ 次　Total
喝奶（母乳或配方奶）
___ 次 ___ c.c.
便便 ___ 次

ℹ️ mama&baby 小常識

餵母奶的媽咪要防止在餵奶的過程中，鈣質隨奶汁被寶寶食用而流失，導致骨質疏鬆。建議媽咪在餵奶期間，要多吃沙丁魚、喝牛奶，以補充鈣質的攝取。

Day 4

月　日　星期　天氣

時間	睡覺	喝奶	便便	換尿片	其他
1 :					
2 :					
3 :					
4 :					
5 :					
6 :					
7 :					
8 :					
9 :					
10 :					
11 :					
12 :					
1 :					
2 :					
3 :					
4 :					
5 :					
6 :					
7 :					
8 :					
9 :					
10 :					
11 :					
12 :					

Mama's memo

換尿片 ___ 次　Total
喝奶（母乳或配方奶）
___ 次 ___ c.c.
便便 ___ 次

Baby 的一天

0
1 個月
2
3
4
5
6
7
8
9
10
11

*1***個月** 第**3**週 *Day 5*

月　日　星期　天氣

時間	睡覺	喝奶	便便	換尿片	其他
1 :					
2 :					
3 :					
4 :					
5 :					
6 :					
7 :					
8 :					
9 :					
10 :					
11 :					
12 :					
1 :					
2 :					
3 :					
4 :					
5 :					
6 :					
7 :					
8 :					
9 :					
10 :					
11 :					
12 :					

Mama's memo

換尿片 ___ 次　**Total**
喝奶（母乳或配方奶）
___ 次 ___ c.c.
便便 ___ 次

Day 6

月　日　星期　天氣

時間	睡覺	喝奶	便便	換尿片	其他
1 :					
2 :					
3 :					
4 :					
5 :					
6 :					
7 :					
8 :					
9 :					
10 :					
11 :					
12 :					
1 :					
2 :					
3 :					
4 :					
5 :					
6 :					
7 :					
8 :					
9 :					
10 :					
11 :					
12 :					

Mama's memo

換尿片 ___ 次　**Total**
喝奶（母乳或配方奶）
___ 次 ___ c.c.
便便 ___ 次

0
1
個月
2
3
4
5
6
7
8
9
10
11

ⓘ mama&baby 小常識

奶瓶是幾乎每個寶寶都會有的食器。在選購上，避免選擇塑膠、玻璃、瓶身圖案花樣太多且複雜的，可挑選環保材質製成的奶瓶，像市面上推出的 PES、PPSU 等安心材質奶瓶，或者詢問專業醫護人員再購買。

Baby
的一天

Day 7 　　月　日　星期　天氣

Mama's memo

時間	睡覺	喝奶	便便	換尿片	其他
1 :					
2 :					
3 :					
4 :					
5 :					
6 :					
7 :					
8 :					
9 :					
10 :					
11 :					
12 :					
1 :					
2 :					
3 :					
4 :					
5 :					
6 :					
7 :					
8 :					
9 :					
10 :					
11 :					
12 :					

換尿片 ⬚ 次　Total
喝奶（母乳或配方奶）
　　⬚ 次　⬚ c.c.
便便 ⬚ 次

ℹ mama&baby 小常識

出生 3 個月內的寶寶，依個體差異每天大約便便 3～4 次，尿尿 8～12 次，之後次數逐漸遞減，所以新生兒一天大概會用掉 20 片尿布。爸比、媽咪要隨時注意寶寶的情況，一定要勤於更換，以免寶寶幼嫩的小屁屁長疹子、皮膚過敏。

育兒生活大補帖
Baby Tips

奶瓶清潔、消毒不可少！
不論是喝配方奶或母奶，奶瓶是寶寶最重要的食器。抗體尚未發展完全的寶寶，很容易因為奶瓶不乾淨而吃入細菌，所以保持奶瓶的乾淨非常重要。奶瓶大多可分成瓶身、瓶蓋、奶嘴和奶嘴固定圈等部分。以下幾個步驟可幫助清潔奶瓶！而消毒設備可依價格、操作簡易度、花費時間等做選購。

步驟 1 清洗
準備大、小奶瓶刷各 1 支。先以大奶瓶刷刷洗內外瓶身，再用小奶瓶刷清洗瓶蓋、奶嘴和奶嘴固定圈，尤其固定圈的螺旋凹槽部分要仔細刷洗。

步驟 2 消毒
水煮消毒：最傳統的方法，將奶瓶各部分、冷水倒入不鏽鋼鍋中開始加熱，直到水煮沸，達成消毒效果。但須注意奶瓶材質是否可以直接水煮，玻璃瓶需在冷水時就放入煮，建議購買奶瓶時可先詢問賣場人員。
蒸氣消毒：將水倒入消毒鍋，水經過加熱變成水蒸氣，以達到高溫消毒的效果。但須注意消毒完後要將鍋中的水倒掉，維持消毒鍋的清潔。
蒸氣並烘乾消毒：經過蒸氣消毒後自動烘乾，保持奶瓶的乾燥，相當方便，但價格較高。可視奶瓶數量選擇適當的消毒鍋。
紫外線消毒：利用紫外線殺菌，殺菌後還可以自動烘乾，非常方便，但價格較高。

步驟 3 晾乾並收納
消毒完成的奶瓶冷卻後，用乾淨的奶瓶夾取出，放在乾淨通風處，倒扣瀝乾水分，再收納起來。紫外線和蒸氣烘乾設備，則可自動烘乾。

1 個月 第 4 週

Day 1

月　日　星期　天氣

時間	睡覺	喝奶	便便	換尿片	其他
1:					
2:					
3:					
4:					
5:					
6:					
7:					
8:					
9:					
10:					
11:					
12:					
1:					
2:					
3:					
4:					
5:					
6:					
7:					
8:					
9:					
10:					
11:					
12:					

Mama's memo

換尿片　　　次　Total
喝奶（母乳或配方奶）
　　　次　　　c.c.
便便　　　次

ⓘ mama&baby 小常識

寶寶出生 1 ～ 3 個月期間，食用奶量平均約為 1,000 c.c.，
但依個體差異略有不同。不過，當你家的寶寶時常吃不飽
或吃太多，可詢問小兒科醫生。

Day 2

月　日　星期　天氣

時間	睡覺	喝奶	便便	換尿片	其他
1:					
2:					
3:					
4:					
5:					
6:					
7:					
8:					
9:					
10:					
11:					
12:					
1:					
2:					
3:					
4:					
5:					
6:					
7:					
8:					
9:					
10:					
11:					
12:					

Mama's memo

換尿片　　　次　Total
喝奶（母乳或配方奶）
　　　次　　　c.c.
便便　　　次

Baby
的一天

Day 3

| 月 | 日 | 星期 | 天氣 |

時間	睡覺	喝奶	便便	換尿片	其他
1:					
2:					
3:					
4:					
5:					
6:					
7:					
8:					
9:					
10:					
11:					
12:					
1:					
2:					
3:					
4:					
5:					
6:					
7:					
8:					
9:					
10:					
11:					
12:					

Mama's memo

換尿片 ___ 次　**Total**
喝奶（母乳或配方奶）
___ 次　___ c.c.
便便 ___ 次

ⓘ mama&baby 小常識

許多媽咪為了怕小寶寶感冒，都會讓他穿很多衣服、蓋多層棉被。寶寶的雙腳很喜歡亂動，蓋太多棉被感到熱的時候就會踢被。建議媽咪蓋被時不要完全蓋到腳，或者幫寶寶穿保暖的肚兜、以輕便的毛巾包覆肚子。

Day 4

| 月 | 日 | 星期 | 天氣 |

時間	睡覺	喝奶	便便	換尿片	其他
1:					
2:					
3:					
4:					
5:					
6:					
7:					
8:					
9:					
10:					
11:					
12:					
1:					
2:					
3:					
4:					
5:					
6:					
7:					
8:					
9:					
10:					
11:					
12:					

Mama's memo

換尿片 ___ 次　**Total**
喝奶（母乳或配方奶）
___ 次　___ c.c.
便便 ___ 次

Baby 的一天

0
1 個月
2
3
4
5
6
7
8
9
10
11

1個月 第4週　*Day 5*

月　日　星期　天氣

時間	睡覺	喝奶	便便	換尿片	其他
1:					
2:					
3:					
4:					
5:					
6:					
7:					
8:					
9:					
10:					
11:					
12:					
1:					
2:					
3:					
4:					
5:					
6:					
7:					
8:					
9:					
10:					
11:					
12:					

Mama's memo

換尿片　　次　**Total**
喝奶（母乳或配方奶）
　　次　　　c.c.
便便　　次

Day 6

月　日　星期　天氣

時間	睡覺	喝奶	便便	換尿片	其他
1:					
2:					
3:					
4:					
5:					
6:					
7:					
8:					
9:					
10:					
11:					
12:					
1:					
2:					
3:					
4:					
5:					
6:					
7:					
8:					
9:					
10:					
11:					
12:					

Mama's memo

換尿片　　次　**Total**
喝奶（母乳或配方奶）
　　次　　　c.c.
便便　　次

ⓘ mama&baby 小常識

如果寶寶有異位性皮膚炎或其他皮膚症狀時，該看小兒科
或皮膚科呢？建議先帶寶寶去看小兒科，因為小兒科醫生
會在皮膚以外，做整體性的檢查，如果醫生覺得需要更專
門的檢查，會推薦至相關的科。

**Baby
的一天**

0
1 個月
2
3
4
5
6
7
8
9
10
11

Day 7

月　日　星期　天氣
Mama's memo

時間	睡覺	喝奶	便便	換尿片	其他
1:					
2:					
3:					
4:					
5:					
6:					
7:					
8:					
9:					
10:					
11:					
12:					
1:					
2:					
3:					
4:					
5:					
6:					
7:					
8:					
9:					
10:					
11:					
12:					

換尿片 ▢ 次　Total
喝奶（母乳或配方奶）
▢ 次　▢ c.c.
便便 ▢ 次

ⓘ mama&baby 小常識

寶寶晚上不睡覺怎麼辦？媽咪可試著幫寶寶做按摩，例如：兩手順著輪廓撫摸寶寶的臉、搓搓寶寶的手腳、腳底、背部，記得不要過度用力，輕輕地按即可。按摩可讓寶寶情緒穩定，或從緊張中獲得紓解，好好睡覺。

育兒生活大補帖
Baby Tips

寶寶洗澡最開心！
洗澡可以讓寶寶身體清爽、擁有好心情，但對新手爸比、媽咪來說，幫寶寶洗澡不是件輕鬆的事。以下有個簡單的洗澡順序，不妨參考一下！

步驟 1 測量水溫
放好水後測量水溫，如果室溫在 25℃ 以下，記得關窗關冷氣，水溫應調整到 37 ～ 40℃。或者用手肘浸在水中，感覺溫熱即可。

步驟 2 弄濕頭髮
先將頭弄濕。托住寶寶的那隻手的大拇指和中指，堵住寶寶的耳朵，以免水跑入耳朵。

步驟 3 布包覆身體
用薄浴巾或毛巾包住寶寶整個身體，以免滑落。

步驟 4 擦乾頭
先洗頭，洗完後立刻擦乾。

步驟 5 洗四肢和胸部
毛巾脫掉，清洗四肢和胸部。

步驟 6 洗背部和小屁屁
將寶寶轉過來，用一隻手撐住寶寶的胸部，另一隻手清洗背部和小屁屁。

步驟 7 洗生殖器
仔細清洗生殖器部位。

步驟 8 洗淨
用溫熱的水洗淨全身。

步驟 9 擦乾
用毛巾包住寶寶的身體，仔細擦乾全身以免感冒，這樣就洗好了喔！

0

1
個月

2

3

4

5

6

7

8

9

10

11

1個月 第5週

Day 1

月　日　星期　天氣

時間	睡覺	喝奶	便便	換尿片	其他	Mama's memo
1 :						
2 :						
3 :						
4 :						
5 :						
6 :						
7 :						
8 :						
9 :						
10 :						
11 :						
12 :						
1 :						
2 :						
3 :						
4 :						
5 :						
6 :						
7 :						
8 :						
9 :						
10 :						
11 :						
12 :						

Baby 的一天

換尿片 ＿＿ 次　**Total**
喝奶（母乳或配方奶）
＿＿ 次　＿＿ c.c.
便便 ＿＿ 次

Day 2

月　日　星期　天氣

時間	睡覺	喝奶	便便	換尿片	其他	Mama's memo
1 :						
2 :						
3 :						
4 :						
5 :						
6 :						
7 :						
8 :						
9 :						
10 :						
11 :						
12 :						
1 :						
2 :						
3 :						
4 :						
5 :						
6 :						
7 :						
8 :						
9 :						
10 :						
11 :						
12 :						

換尿片 ＿＿ 次　**Total**
喝奶（母乳或配方奶）
＿＿ 次　＿＿ c.c.
便便 ＿＿ 次

Day 3

月　日　星期　天氣

時間	睡覺	喝奶	便便	換尿片	其他	Mama's memo
1 :						
2 :						
3 :						
4 :						
5 :						
6 :						
7 :						
8 :						
9 :						
10 :						
11 :						
12 :						
1 :						
2 :						
3 :						
4 :						
5 :						
6 :						
7 :						
8 :						
9 :						
10 :						
11 :						
12 :						

換尿片 ＿＿ 次　**Total**
喝奶（母乳或配方奶）
＿＿ 次　＿＿ c.c.
便便 ＿＿ 次

0　1 個月　2　3　4　5　6　7　8　9　10　11

滿 2 個月

Baby 2 Months

寶寶一邊咿咿呀呀，
一邊揮動著小手，
似乎要對爸比、媽咪說些什麼。
沒關係慢慢說，
爸比、媽咪永遠都會是你的最佳聽眾。

寶寶諺語

在台灣古早傳統習俗中，有「腳長，有食福」的習俗，是指新生兒在出生後的第三天，由媽咪和阿嬤抱著祭祀神明和祖先。準備的牲禮中，雞的腳要讓它伸直，不能彎曲折入腹部，代表寶寶今後身體健壯。

2個月 第1週 — Day 1

月　　日　　星期　　天氣

時間	睡覺	喝奶	便便	換尿片	其他
1:					
2:					
3:					
4:					
5:					
6:					
7:					
8:					
9:					
10:					
11:					
12:					
1:					
2:					
3:					
4:					
5:					
6:					
7:					
8:					
9:					
10:					
11:					
12:					

Mama's memo

換尿片 ☐ 次 **Total**
喝奶（母乳或配方奶）
☐ 次 ☐ c.c.
便便 ☐ 次

🛈 mama&baby 小常識

寶寶趴著的時間變長了，趴著時，胸部以上的部分都已經可以抬起來。很喜歡東望西看，會注意周圍的聲響、音樂和說話聲音，是個名副其實的好奇寶寶。

Day 2

月　　日　　星期　　天氣

時間	睡覺	喝奶	便便	換尿片	其他
1:					
2:					
3:					
4:					
5:					
6:					
7:					
8:					
9:					
10:					
11:					
12:					
1:					
2:					
3:					
4:					
5:					
6:					
7:					
8:					
9:					
10:					
11:					
12:					

Mama's memo

換尿片 ☐ 次 **Total**
喝奶（母乳或配方奶）
☐ 次 ☐ c.c.
便便 ☐ 次

Baby 的一天

時 間	睡覺	喝奶	便便	換尿片	其他
1：					
2：					
3：					
4：					
5：					
6：					
7：					
8：					
9：					
10：					
11：					
12：					
1：					
2：					
3：					
4：					
5：					
6：					
7：					
8：					
9：					
10：					
11：					
12：					

Mama's memo

換尿片 ▢ 次　**Total**
喝奶（母乳或配方奶）
▢ 次 ▢ c.c.
便便 ▢ 次

ⓘ mama&baby 小常識

這個時期的寶寶不論是喝母奶或配方奶，量都逐漸減少，因此生長發育並沒有那麼劇烈，在成長曲線上來看，是屬於平緩的線。

時 間	睡覺	喝奶	便便	換尿片	其他
1：					
2：					
3：					
4：					
5：					
6：					
7：					
8：					
9：					
10：					
11：					
12：					
1：					
2：					
3：					
4：					
5：					
6：					
7：					
8：					
9：					
10：					
11：					
12：					

Mama's memo

換尿片 ▢ 次　**Total**
喝奶（母乳或配方奶）
▢ 次 ▢ c.c.
便便 ▢ 次

Baby 的一天

一年的育兒日記
My Baby's 365 Diary

0
1
2
個月
3
4
5
6
7
8
9
10
11

2個月 第1週　*Day 5*

| 月　日　星期　天氣 |

時　間	睡覺	喝奶	便便	換尿片	其他
1 :					
2 :					
3 :					
4 :					
5 :					
6 :					
7 :					
8 :					
9 :					
10 :					
11 :					
12 :					
1 :					
2 :					
3 :					
4 :					
5 :					
6 :					
7 :					
8 :					
9 :					
10 :					
11 :					
12 :					

Mama's memo

換尿片 ___ 次　**Total**
喝奶（母乳或配方奶）
___ 次 ___ c.c.
便便 ___ 次

ℹ mama&baby 小常識

雖然寶寶這時的視力發展仍稱不上完全，但已經大大進步，容易受紅、藍、黃、黑和白等色的吸引，所以市面上有很多這些顏色的玩具。當然，爸比、媽咪也可以 DIY 黑白色小玩具，讓寶寶在遊戲的同時，更易辨別顏色。

Day 6

| 月　日　星期　天氣 |

時　間	睡覺	喝奶	便便	換尿片	其他
1 :					
2 :					
3 :					
4 :					
5 :					
6 :					
7 :					
8 :					
9 :					
10 :					
11 :					
12 :					
1 :					
2 :					
3 :					
4 :					
5 :					
6 :					
7 :					
8 :					
9 :					
10 :					
11 :					
12 :					

Mama's memo

換尿片 ___ 次　**Total**
喝奶（母乳或配方奶）
___ 次 ___ c.c.
便便 ___ 次

Baby
的一天

Day 7

時間	睡覺	喝奶	便便	換尿片	其他
1:					
2:					
3:					
4:					
5:					
6:					
7:					
8:					
9:					
10:					
11:					
12:					
1:					
2:					
3:					
4:					
5:					
6:					
7:					
8:					
9:					
10:					
11:					
12:					

月　　日　　星期　　天氣

Mama's memo

換尿片 ___ 次　　**Total**
喝奶（母乳或配方奶）
___ 次 ___ c.c.
便便 ___ 次

① mama&baby 小常識

寶寶喝奶時常常溢奶或吐奶怎麼辦？媽咪可試著讓寶寶先喝一半，稍微排掉體內空氣後再繼續喝奶；奶嘴口選擇要吸吮才會出奶的十字口，以免奶汁大量流出；為免喝奶時太大口太急，可將寶寶的頭稍稍抬高一點。

育兒生活大補帖
Baby Tips

出生 2 ～ 3 個月寶寶的特徵

這個時期的寶寶因為頭部可以獨撐，所以趴著的時間比躺著的時間多。此外，對外界的聲音、顏色表現出好奇，晚上睡著的時間較白天長。

脖子開始能撐住，趴著的時間變長

這時期寶寶的頭部漸漸可以撐起來，抱著直立的時候，頭部也較不會往旁邊或後面傾斜、倒。趴著玩時，頭也可以抬高到胸部。

發出咿咿呀呀的聲音

寶寶會因為看到東西、聽到聲音、家人扮鬼臉而發出咿咿呀呀的聲音，甚至對聲音做出反應。爸比、媽咪可以多和寶寶講話、以手搖鈴發出聲音，有利於寶寶語言的發展。

可以區分白天晚上

寶寶在白天清醒的時間比較長了，晚上會持續睡眠5 ～ 6 小時。如果寶寶晚上不睡覺，可以嘗試外出散步，或者玩一些小遊戲，有利睡眠。

夜晚喝奶次數減少

相較於前兩個月，這時的喝奶量減少，喝奶的時間也比較固定。根據寶寶之前的喝奶習慣，試試看夜間先計算好足夠的奶量，讓寶寶能一覺到天亮，減少夜間起來喝奶中斷睡眠的情形。

0

1

2
個月

3

4

5

6

7

8

9

10

11

2個月 第2週 *Day 1*

時間	睡覺	喝奶	便便	換尿片	其他
1：					
2：					
3：					
4：					
5：					
6：					
7：					
8：					
9：					
10：					
11：					
12：					
1：					
2：					
3：					
4：					
5：					
6：					
7：					
8：					
9：					
10：					
11：					
12：					

Mama's memo

換尿片 ☐ 次　**Total**
喝奶（母乳或配方奶）
☐ 次　☐ c.c.
便便 ☐ 次

Day 2

時間	睡覺	喝奶	便便	換尿片	其他
1：					
2：					
3：					
4：					
5：					
6：					
7：					
8：					
9：					
10：					
11：					
12：					
1：					
2：					
3：					
4：					
5：					
6：					
7：					
8：					
9：					
10：					
11：					
12：					

Mama's memo

換尿片 ☐ 次　**Total**
喝奶（母乳或配方奶）
☐ 次　☐ c.c.
便便 ☐ 次

🛈 mama&baby 小常識

是否需要買嬰兒床，可視每個家庭的生活型態決定。通常如果嬰兒床放在和爸比、媽咪同一個房間，優點是有利於餵奶、換尿布和隨時察看寶寶情況。

Baby 的一天

左側標記：0　1　**2** 個月　3　4　5　6　7　8　9　10　11

Day 3

| 月　日　星期　天氣 |

時間	睡覺	喝奶	便便	換尿片	其他
1：					
2：					
3：					
4：					
5：					
6：					
7：					
8：					
9：					
10：					
11：					
12：					
1：					
2：					
3：					
4：					
5：					
6：					
7：					
8：					
9：					
10：					
11：					
12：					

Mama's memo

換尿片 ⬚ 次　Total
喝奶（母乳或配方奶）
⬚ 次 ⬚ c.c.
便便 ⬚ 次

ⓘ mama&baby 小常識

替寶寶購買棉被時，不要選擇太蓬鬆柔軟的被子，可選稍
微有點硬度的被子，床墊不要太軟。更要隨時注意不讓棉
被蓋到口鼻，以免寶寶發生窒息的危險。

Day 4

| 月　日　星期　天氣 |

時間	睡覺	喝奶	便便	換尿片	其他
1：					
2：					
3：					
4：					
5：					
6：					
7：					
8：					
9：					
10：					
11：					
12：					
1：					
2：					
3：					
4：					
5：					
6：					
7：					
8：					
9：					
10：					
11：					
12：					

Mama's memo

換尿片 ⬚ 次　Total
喝奶（母乳或配方奶）
⬚ 次 ⬚ c.c.
便便 ⬚ 次

Baby
的一天

2個月 第2週 Day 5

| 月 | 日 | 星期 | 天氣 |

時 間	睡覺	喝奶	便便	換尿片	其他
1 :					
2 :					
3 :					
4 :					
5 :					
6 :					
7 :					
8 :					
9 :					
10 :					
11 :					
12 :					
1 :					
2 :					
3 :					
4 :					
5 :					
6 :					
7 :					
8 :					
9 :					
10 :					
11 :					
12 :					

Mama's memo

換尿片 ___ 次　Total
喝奶（母乳或配方奶）
___ 次 ___ c.c.
便便 ___ 次

ⓘ mama&baby 小常識

寶寶出生 0～3 個月，是和爸比、媽咪建立良好親子關係的
關鍵期。寶寶可藉由傾聽媽咪心跳、肌膚觸摸、溫柔按摩，
或者爸比的逗弄、抱著玩，來增加和父母間的親密關係。

Day 6

| 月 | 日 | 星期 | 天氣 |

時 間	睡覺	喝奶	便便	換尿片	其他
1 :					
2 :					
3 :					
4 :					
5 :					
6 :					
7 :					
8 :					
9 :					
10 :					
11 :					
12 :					
1 :					
2 :					
3 :					
4 :					
5 :					
6 :					
7 :					
8 :					
9 :					
10 :					
11 :					
12 :					

Mama's memo

換尿片 ___ 次　Total
喝奶（母乳或配方奶）
___ 次 ___ c.c.
便便 ___ 次

Baby
的一天

0
1
2
個月
3
4
5
6
7
8
9
10
11

Day 7

時間	睡覺	喝奶	便便	換尿片	其他
1:					
2:					
3:					
4:					
5:					
6:					
7:					
8:					
9:					
10:					
11:					
12:					
1:					
2:					
3:					
4:					
5:					
6:					
7:					
8:					
9:					
10:					
11:					
12:					

月　日　星期　天氣

Mama's memo

換尿片 ___ 次　**Total**
喝奶（母乳或配方奶）
___ 次　___ c.c.
便便 ___ 次

ℹ mama&baby 小常識

寶寶在 0 ～ 3 個月這段時期，從僅聽得到細微的聲響，到對任何聲響產生好奇，可說是聽覺急速發育的一個時期。媽咪可以讓寶寶聽聽柔美的旋律、多聽聽說話聲，多聽各種不同的聲音。

育兒生活大補帖
Baby Tips

泡奶好方法

如果寶寶是喝配方奶，爸比、媽咪該如何泡奶呢？以下是幾個簡單的步驟，新手爸媽一起學學吧！

步驟 1
將 40 ～ 50℃的溫開水倒入全部所需奶量的一半。

步驟 2
用配方奶罐中的專用湯匙舀出正確的奶粉量，倒入奶瓶中。

步驟 3
以兩手手掌夾住奶瓶身，左右來回輕輕旋轉，讓奶粉完全溶於開水中。

步驟 4
等奶粉完全溶於開水中，再倒入另一半份量的溫開水。關緊奶瓶罐時，記得手不要碰到。

步驟 5
將泡好的配方奶倒幾滴在手腕內測試一下，確認溫度 ok 再給寶寶喝。

2個月 第3週　*Day 1*

月　日　星期　天氣

時間	睡覺	喝奶	便便	換尿片	其他
1 :					
2 :					
3 :					
4 :					
5 :					
6 :					
7 :					
8 :					
9 :					
10 :					
11 :					
12 :					
1 :					
2 :					
3 :					
4 :					
5 :					
6 :					
7 :					
8 :					
9 :					
10 :					
11 :					
12 :					

Mama's memo

換尿片 ___ 次　**Total**
喝奶（母乳或配方奶）
___ 次 ___ c.c.
便便 ___ 次

ℹ️ mama&baby 小常識

如果家中的寶寶是喝配方奶，想要換品牌時，建議媽咪不要說換就換，以免寶寶拒喝。可試著以 3～4 天為緩衝期，每天以原奶粉 7：新奶粉 3、原奶粉 5：新奶粉 5、原奶粉 3：新奶粉 7 的混合方式慢慢調整，寶寶接受度較高。

Day 2

月　日　星期　天氣

時間	睡覺	喝奶	便便	換尿片	其他
1 :					
2 :					
3 :					
4 :					
5 :					
6 :					
7 :					
8 :					
9 :					
10 :					
11 :					
12 :					
1 :					
2 :					
3 :					
4 :					
5 :					
6 :					
7 :					
8 :					
9 :					
10 :					
11 :					
12 :					

Mama's memo

換尿片 ___ 次　**Total**
喝奶（母乳或配方奶）
___ 次 ___ c.c.
便便 ___ 次

Baby 的一天

Day 3

月　日　星期　天氣

時間	睡覺	喝奶	便便	換尿片	其他
1:					
2:					
3:					
4:					
5:					
6:					
7:					
8:					
9:					
10:					
11:					
12:					
1:					
2:					
3:					
4:					
5:					
6:					
7:					
8:					
9:					
10:					
11:					
12:					

Mama's memo

換尿片　　次　Total
喝奶（母乳或配方奶）
　　次　　　c.c.
便便　　次

Day 4

月　日　星期　天氣

時間	睡覺	喝奶	便便	換尿片	其他
1:					
2:					
3:					
4:					
5:					
6:					
7:					
8:					
9:					
10:					
11:					
12:					
1:					
2:					
3:					
4:					
5:					
6:					
7:					
8:					
9:					
10:					
11:					
12:					

Mama's memo

換尿片　　次　Total
喝奶（母乳或配方奶）
　　次　　　c.c.
便便　　次

ℹ mama&baby 小常識

泡配方奶的開水，最好是要沸騰 1 分鐘以上的滾水，等它慢慢降溫成 40 ～ 50℃的溫開水再使用。可參照 p.63 泡奶好方法的步驟，但記得給寶寶喝前，一定要再次確認奶的溫度。

Baby 的一天

0
1
2
個月
3
4
5
6
7
8
9
10
11

2 個月 第 3 週　*Day 5*

月　日　星期　天氣

時間	睡覺	喝奶	便便	換尿片	其他
1:					
2:					
3:					
4:					
5:					
6:					
7:					
8:					
9:					
10:					
11:					
12:					
1:					
2:					
3:					
4:					
5:					
6:					
7:					
8:					
9:					
10:					
11:					
12:					

Mama's memo

換尿片 ☐ 次　Total
喝奶（母乳或配方奶）
☐ 次 ☐ c.c.
便便 ☐ 次

Day 6

月　日　星期　天氣

時間	睡覺	喝奶	便便	換尿片	其他
1:					
2:					
3:					
4:					
5:					
6:					
7:					
8:					
9:					
10:					
11:					
12:					
1:					
2:					
3:					
4:					
5:					
6:					
7:					
8:					
9:					
10:					
11:					
12:					

Mama's memo

換尿片 ☐ 次　Total
喝奶（母乳或配方奶）
☐ 次 ☐ c.c.
便便 ☐ 次

ℹ mama&baby 小常識

寶寶不管是喝母奶或是配方奶，在這個時期仍然以解水便居多，喝配方奶的寶寶的便便，會比母奶寶寶的便便稍硬一點。不過，如果覺得寶寶便便太硬，有時是便秘造成，可詢問專業醫師。

Baby 的一天

Day 7

月　　日　星期　　天氣

Mama's memo

時間	睡覺	喝奶	便便	換尿片	其他
1:					
2:					
3:					
4:					
5:					
6:					
7:					
8:					
9:					
10:					
11:					
12:					
1:					
2:					
3:					
4:					
5:					
6:					
7:					
8:					
9:					
10:					
11:					
12:					

Total
換尿片 _____ 次
喝奶（母乳或配方奶）
_____ 次 _____ c.c.
便便 _____ 次

ⓘ mama&baby 小常識

寶寶顯現出對周遭事物的興趣，但對他們最好的刺激，還是和爸比、媽咪一起玩，以及擁抱接觸。除了多抱抱他，還可以按按四肢、摸摸頭、唱唱歌，讓寶寶感受的溫暖，更能安撫情緒。

育兒生活大補帖
Baby Tips

奶嘴形狀大不同！
目前市售常見的奶嘴頭形狀，有櫻桃型（圓）、扁平型、拇指型和橄欖型等數種，大小也各有差異，可隨寶寶的月齡、習慣和個體發展選購。

櫻桃型
圓圓的櫻桃型類似媽咪乳頭的形狀，讓寶寶在吸食過程中如同含著媽咪的乳頭，更有安全、親切感。

扁平型
扁平型很像奶嘴在嘴中變形的樣子，不費力就能輕鬆使用。

拇指型
拇指型的曲線則可以緩和寶寶的吸咬力，奶嘴頭下方可幫助寶寶有支撐點，有助於牙齒的生長，適合3個月以上的寶寶。

橄欖型
橄欖型適合長牙且喜歡咬東西的寶寶，有助於咀嚼，適合3個月以上的寶寶。

0
1
2
個月
3
4
5
6
7
8
9
10
11

2 個月 第 4 週　*Day 1*

時間	睡覺	喝奶	便便	換尿片	其他
1：					
2：					
3：					
4：					
5：					
6：					
7：					
8：					
9：					
10：					
11：					
12：					
1：					
2：					
3：					
4：					
5：					
6：					
7：					
8：					
9：					
10：					
11：					
12：					

Mama's memo

換尿片　　次　**Total**
喝奶（母乳或配方奶）
　　次　　c.c.
便便　　次

Day 2

時間	睡覺	喝奶	便便	換尿片	其他
1：					
2：					
3：					
4：					
5：					
6：					
7：					
8：					
9：					
10：					
11：					
12：					
1：					
2：					
3：					
4：					
5：					
6：					
7：					
8：					
9：					
10：					
11：					
12：					

Mama's memo

換尿片　　次　**Total**
喝奶（母乳或配方奶）
　　次　　c.c.
便便　　次

ⓘ mama&baby 小常識

寶寶出生 1 ～ 3 個月期間，雖然這時還不會說話，只會發出咿咿呀呀和咕咕的聲音，但家人可嘗試將寶寶周遭常見到的物品取上名字，並且常常覆誦唸出，對他的語言的發展有些微助益。

Baby 的一天

Day 3

月　日　星期　天氣

時間	睡覺	喝奶	便便	換尿片	其他
1：					
2：					
3：					
4：					
5：					
6：					
7：					
8：					
9：					
10：					
11：					
12：					
1：					
2：					
3：					
4：					
5：					
6：					
7：					
8：					
9：					
10：					
11：					
12：					

Mama's memo

換尿片 ☐ 次　Total
喝奶（母乳或配方奶）
☐ 次 ☐ c.c.
便便 ☐ 次

ⓘ mama&baby 小常識

目前照顧寶寶的工作仍以媽咪居多，新手爸爸下班或放假時除了可以一起照顧，平日可在媽咪發牢騷抱怨時靜心聆聽，多點鼓勵和安慰，要多多體貼媽咪喔！

Day 4

月　日　星期　天氣

時間	睡覺	喝奶	便便	換尿片	其他
1：					
2：					
3：					
4：					
5：					
6：					
7：					
8：					
9：					
10：					
11：					
12：					
1：					
2：					
3：					
4：					
5：					
6：					
7：					
8：					
9：					
10：					
11：					
12：					

Mama's memo

換尿片 ☐ 次　Total
喝奶（母乳或配方奶）
☐ 次 ☐ c.c.
便便 ☐ 次

Baby 的一天

2個月 第4週 *Day 5*

時間	睡覺	喝奶	便便	換尿片	其他
1:					
2:					
3:					
4:					
5:					
6:					
7:					
8:					
9:					
10:					
11:					
12:					
1:					
2:					
3:					
4:					
5:					
6:					
7:					
8:					
9:					
10:					
11:					
12:					

月　日　星期　天氣

Mama's memo

換尿片 ☐ 次　**Total**
喝奶（母乳或配方奶）
☐ 次 ☐ c.c.
便便 ☐ 次

ℹ️ **mama&baby 小常識**

這時期的寶寶漸漸出現許多反射行為，爸比、媽咪可稍微給予各種不同的新刺激，像顏色、味道、觸感、聲音等等，讓好奇寶寶對這個世界產生多一些興趣，更快樂成長。

Day 6

時間	睡覺	喝奶	便便	換尿片	其他
1:					
2:					
3:					
4:					
5:					
6:					
7:					
8:					
9:					
10:					
11:					
12:					
1:					
2:					
3:					
4:					
5:					
6:					
7:					
8:					
9:					
10:					
11:					
12:					

月　日　星期　天氣

Mama's memo

換尿片 ☐ 次　**Total**
喝奶（母乳或配方奶）
☐ 次 ☐ c.c.
便便 ☐ 次

Baby 的一天

Day 7

月　日　星期　天氣

時間	睡覺	喝奶	便便	換尿片	其他
1:					
2:					
3:					
4:					
5:					
6:					
7:					
8:					
9:					
10:					
11:					
12:					
1:					
2:					
3:					
4:					
5:					
6:					
7:					
8:					
9:					
10:					
11:					
12:					

Mama's memo

換尿片 ___ 次　**Total**
喝奶（母乳或配方奶）
___ 次 ___ c.c.
便便 ___ 次

ℹ mama&baby 小常識

選購紙尿布時，除了價格以外，更需從是否為合格廠商製造、吸收力是否足夠、使用方便度、材質會不會引起疹子、包覆力等來挑選。因為新生兒通常長得快，建議最小尺寸的紙尿布不需買太多。

育兒生活大補帖
Baby Tips

如何選擇小兒科

不論是一般健康門診、接種疫苗或者感冒看醫生，寶寶都需要專業小兒科的照顧，才能健康長大。那應該如何挑選適合的小兒科診所或醫院呢？

小兒專科

有些醫院所設的科目過多，或者醫師還兼看其他科，建議寶寶的身體健康狀況應由專業的小兒科醫師診斷。如果只有一個單科，設備、器材和人員較能集中，有較妥善、適切的診治。

看診評價優

也可以詢問家中已有小孩的朋友、親戚，或者搜尋診所評鑑等，尋找看診評價不錯的醫院或診所，找到值得信賴的醫生。

醫護人員親切、易溝通

尤其新手爸媽在面對寶寶生病或打預防針時，因為缺乏經驗，很需要具有耐心和專業知識的醫護人員、醫生的幫助。親切、易溝通的態度，能讓爸比、媽咪安心。

離家近

當寶寶生病不舒服時，盡量在最短的時間內做診療，所以醫院或診所距離住家越近越好。

環境較安靜

寶寶生病時，寶寶和陪同看診的家人容易情緒焦慮、緊張，如果這時環境嘈雜，易讓人心緒不安且易怒、失去耐性，而安靜的環境則有助於安撫情緒，讓就診過程更加順利。

0
1
2
個月
3
4
5
6
7
8
9
10
11

2 個月 第 5 週   *Day 1*   *Day 2*   *Day 3*

Day 1　　月　　日　星期　　天氣

時間	睡覺	喝奶	便便	換尿片	其他	Mama's memo
1：						
2：						
3：						
4：						
5：						
6：						
7：						
8：						
9：						
10：						
11：						
12：						
1：						
2：						
3：						
4：						
5：						
6：						
7：						
8：						
9：						
10：						
11：						
12：						

Day 2　　月　　日　星期　　天氣

時間	睡覺	喝奶	便便	換尿片	其他	Mama's memo
1：						
2：						
3：						
4：						
5：						
6：						
7：						
8：						
9：						
10：						
11：						
12：						
1：						
2：						
3：						
4：						
5：						
6：						
7：						
8：						
9：						
10：						
11：						
12：						

Day 3　　月　　日　星期　　天氣

時間	睡覺	喝奶	便便	換尿片	其他	Mama's memo
1：						
2：						
3：						
4：						
5：						
6：						
7：						
8：						
9：						
10：						
11：						
12：						
1：						
2：						
3：						
4：						
5：						
6：						
7：						
8：						
9：						
10：						
11：						
12：						

Baby 的一天

換尿片 ☐ 次　**Total**
喝奶（母乳或配方奶）
☐ 次 ☐ c.c.
便便 ☐ 次

換尿片 ☐ 次　**Total**
喝奶（母乳或配方奶）
☐ 次 ☐ c.c.
便便 ☐ 次

換尿片 ☐ 次　**Total**
喝奶（母乳或配方奶）
☐ 次 ☐ c.c.
便便 ☐ 次

滿 3 個月

Baby 3 Months

寶寶揮動著漸漸有力的雙手，
似乎想告訴爸比、媽咪什麼。
窗外陽光燦爛，
是不是迫不及待想認識這個世界？

寶寶諺語

「春日天，囝仔面」這句是和天氣有關的諺語。新生
的小嬰兒一會兒哭、一會兒笑，完全無法預測，就好
像春天的天氣般難以捉摸。

3 個月 第 1 週 *Day 1*

月　日　星期　天氣

時間	睡覺	喝奶	便便	換尿片	其他
1：					
2：					
3：					
4：					
5：					
6：					
7：					
8：					
9：					
10：					
11：					
12：					
1：					
2：					
3：					
4：					
5：					
6：					
7：					
8：					
9：					
10：					
11：					
12：					

Mama's memo

換尿片　　　次　Total
喝奶（母乳或配方奶）
　　　次　　c.c.
便便　　次

ℹ️ **mama&baby 小常識**

3 個月的寶寶要開始學翻身了，如果寶寶學不會，要先看看是不是給他穿太多或太緊。此外，也要檢查床墊會不會太軟，讓他無法施力。媽咪可以幫忙托住寶寶的背，一面輕推他的小屁屁，幫寶寶翻身。

Day 2

月　日　星期　天氣

時間	睡覺	喝奶	便便	換尿片	其他
1：					
2：					
3：					
4：					
5：					
6：					
7：					
8：					
9：					
10：					
11：					
12：					
1：					
2：					
3：					
4：					
5：					
6：					
7：					
8：					
9：					
10：					
11：					
12：					

Mama's memo

換尿片　　　次　Total
喝奶（母乳或配方奶）
　　　次　　c.c.
便便　　次

Baby
的一天

一年的育兒日記

My Baby's 365 Diary

時間	睡覺	喝奶	便便	換尿片	其他
1 :					
2 :					
3 :					
4 :					
5 :					
6 :					
7 :					
8 :					
9 :					
10 :					
11 :					
12 :					
1 :					
2 :					
3 :					
4 :					
5 :					
6 :					
7 :					
8 :					
9 :					
10 :					
11 :					
12 :					

Mama's memo

換尿片　　　次　Total
喝奶（母乳或配方奶）
　　　次　　　c.c.
便便　　　次

時間	睡覺	喝奶	便便	換尿片	其他
1 :					
2 :					
3 :					
4 :					
5 :					
6 :					
7 :					
8 :					
9 :					
10 :					
11 :					
12 :					
1 :					
2 :					
3 :					
4 :					
5 :					
6 :					
7 :					
8 :					
9 :					
10 :					
11 :					
12 :					

Mama's memo

換尿片　　　次　Total
喝奶（母乳或配方奶）
　　　次　　　c.c.
便便　　　次

🍼 mama&baby 小常識

因為漸漸長出肌肉，手比較有力了，所以寶寶常常會想抓
東西，這時候可以給他一些新的玩具抓，不僅可以引發寶
寶的好奇心、運動腦部，對於訓練小肌肉也很有幫助。

0
1
2
3
個月
4
5
6
7
8
9
10
11

Baby
的一天

3個月 第1週

Day 5

月　日　星期　天氣

時間	睡覺	喝奶	便便	換尿片	其他
1 :					
2 :					
3 :					
4 :					
5 :					
6 :					
7 :					
8 :					
9 :					
10 :					
11 :					
12 :					
1 :					
2 :					
3 :					
4 :					
5 :					
6 :					
7 :					
8 :					
9 :					
10 :					
11 :					
12 :					

Mama's memo

換尿片 ___ 次　Total
喝奶（母乳或配方奶）
___ 次 ___ c.c.
便便 ___ 次

ℹ mama&baby 小常識

3 個月大的寶寶最適合開始做嬰兒體操，可以運動到全身肌肉，對之後的爬行跟走路都很有幫助。但爸比、媽咪應該循序漸進幫助寶寶運動，不可操之過急。

Day 6

月　日　星期　天氣

時間	睡覺	喝奶	便便	換尿片	其他
1 :					
2 :					
3 :					
4 :					
5 :					
6 :					
7 :					
8 :					
9 :					
10 :					
11 :					
12 :					
1 :					
2 :					
3 :					
4 :					
5 :					
6 :					
7 :					
8 :					
9 :					
10 :					
11 :					
12 :					

Mama's memo

換尿片 ___ 次　Total
喝奶（母乳或配方奶）
___ 次 ___ c.c.
便便 ___ 次

Baby 的一天

月　日　星期　天氣

時間	睡覺	喝奶	便便	換尿片	其他
1：					
2：					
3：					
4：					
5：					
6：					
7：					
8：					
9：					
10：					
11：					
12：					
1：					
2：					
3：					
4：					
5：					
6：					
7：					
8：					
9：					
10：					
11：					
12：					

Mama's memo

換尿片　　　　次　Total
喝奶（母乳或配方奶）
　　　　次　　　　c.c.
便便　　　次

ℹ mama&baby 小常識

寶寶有時候白天都好好的，為什麼傍晚媽咪忙著準備晚餐時，卻會開始哭鬧呢（在日本叫「黃昏哭」）？也許是生理上的原因，或是因為氣氛改變了，所以寶寶就會開始哭鬧。媽咪應先放下手邊的事，或由爸比陪寶寶玩一下。

育兒生活大補帖
Baby Tips

出生 3 ～ 4 個月寶寶的特徵

大致上這時期的寶寶體重已比出生多了 2 倍、會翻身、開始有意識地笑、會區分顏色、喜歡把東西放在嘴裡囉！

體重比出生約多了 2 倍

通常寶寶在出生 2 個月內，每天約增加 30 公克，之後每天約增加 25 公克，所以目前應該比出生約多了 2 倍。

食量變小

不論是喝母奶或配方奶，相對於前幾個月，有些寶寶的食量變少，這是因為寶寶已經有飽足感，但仍依個體發展有所差異。

會翻身

趴著的時候已經可以往旁邊轉滾了，不過這時還沒辦法自由地翻回來。如果寶寶還不會翻身，爸比、媽咪可試著扶著寶寶的肩膀和屁屁，將身體向旁邊轉，誘導他翻身。

什麼東西都放在嘴裡

不僅流很多口水、喜歡吸吮手指，還喜歡將東西放入嘴巴裡面，要更注意寶寶手部的清潔和危險物品的放置。

開始愛笑

這個時期之前的寶寶的笑，可以說是一種反射的行為，但是到 3 ～ 4 個月時，寶寶已經會因為開心而笑，也有了喜歡的情緒，喜歡和人接觸。

會區分顏色

視力發育不少，眼睛已經可以跟隨媽咪的視線而移動，聽到聲音也會轉頭看。能分辨出顏色，很容易受到五顏六色玩具的吸引。

0
1
2
3
個月
4
5
6
7
8
9
10
11

3 個月 第2週

Day 1

月　日　星期　天氣

時間	睡覺	喝奶	便便	換尿片	其他
1:					
2:					
3:					
4:					
5:					
6:					
7:					
8:					
9:					
10:					
11:					
12:					
1:					
2:					
3:					
4:					
5:					
6:					
7:					
8:					
9:					
10:					
11:					
12:					

Mama's memo

換尿片 　　次　Total
喝奶（母乳或配方奶）
　　次　　　c.c.
便便　　次

🐰 mama&baby 小常識

寶寶誕生 100 天前後，正是開始掉胎毛的時候，這時候恰好又是寶寶很愛吃手的時期，所以，建議把寶寶的頭髮剃掉比較衛生。當然，可以先拍過可愛的 100 天紀念照，再剃頭髮。

Day 2

月　日　星期　天氣

時間	睡覺	喝奶	便便	換尿片	其他
1:					
2:					
3:					
4:					
5:					
6:					
7:					
8:					
9:					
10:					
11:					
12:					
1:					
2:					
3:					
4:					
5:					
6:					
7:					
8:					
9:					
10:					
11:					
12:					

Mama's memo

換尿片 　　次　Total
喝奶（母乳或配方奶）
　　次　　　c.c.
便便　　次

Baby
的一天

時間	睡覺	喝奶	便便	換尿片	其他
1 :					
2 :					
3 :					
4 :					
5 :					
6 :					
7 :					
8 :					
9 :					
10 :					
11 :					
12 :					
1 :					
2 :					
3 :					
4 :					
5 :					
6 :					
7 :					
8 :					
9 :					
10 :					
11 :					
12 :					

Mama's memo

換尿片　　　次　Total
喝奶（母乳或配方奶）
　　　次　　　c.c.
便便　　　次

時間	睡覺	喝奶	便便	換尿片	其他
1 :					
2 :					
3 :					
4 :					
5 :					
6 :					
7 :					
8 :					
9 :					
10 :					
11 :					
12 :					
1 :					
2 :					
3 :					
4 :					
5 :					
6 :					
7 :					
8 :					
9 :					
10 :					
11 :					
12 :					

Mama's memo

換尿片　　　次　Total
喝奶（母乳或配方奶）
　　　次　　　c.c.
便便　　　次

ⓘ mama&baby 小常識

寶寶在平坦的地方直立時，爸比、媽咪或家人可扶著寶寶
的腋下，寶寶會有邁出步伐的反射反應。雖然要到 6 個月
以後才會走路，但可以先讓寶寶做練習。

一年的育兒日記 My Baby's 365 Diary

0
1
2
3
個月
4
5
6
7
8
9
10
11

Baby
的一天

3 個月 第 2 週　*Day 5*

月　日　星期　天氣

時間	睡覺	喝奶	便便	換尿片	其他
1:					
2:					
3:					
4:					
5:					
6:					
7:					
8:					
9:					
10:					
11:					
12:					
1:					
2:					
3:					
4:					
5:					
6:					
7:					
8:					
9:					
10:					
11:					
12:					

Mama's memo

換尿片 ___ 次　Total
喝奶（母乳或配方奶）
___ 次 ___ c.c.
便便 ___ 次

ℹ mama&baby 小常識

3 個月的寶寶還不能明確認出熟悉的臉，只要有人逗，都會笑得很開心，一面發出咿咿呀呀的聲音。不過，他還是會表現出喜好的喔！

Day 6

月　日　星期　天氣

時間	睡覺	喝奶	便便	換尿片	其他
1:					
2:					
3:					
4:					
5:					
6:					
7:					
8:					
9:					
10:					
11:					
12:					
1:					
2:					
3:					
4:					
5:					
6:					
7:					
8:					
9:					
10:					
11:					
12:					

Mama's memo

換尿片 ___ 次　Total
喝奶（母乳或配方奶）
___ 次 ___ c.c.
便便 ___ 次

Baby
的一天

月　日　星期　天氣

時間	睡覺	喝奶	便便	換尿片	其他
1 :					
2 :					
3 :					
4 :					
5 :					
6 :					
7 :					
8 :					
9 :					
10 :					
11 :					
12 :					
1 :					
2 :					
3 :					
4 :					
5 :					
6 :					
7 :					
8 :					
9 :					
10 :					
11 :					
12 :					

Mama's memo

換尿片　　次　Total
喝奶（母乳或配方奶）
　　次　　　c.c.
便便　　次

🦕 mama&baby 小常識

這個時期寶寶的汗腺分泌很活躍，而且口水也很多，所以會流失很多水分，記得要讓寶寶多喝水。尤其是吃母奶的寶寶，要用奶瓶裝水給寶寶喝，訓練他吸奶瓶。

育兒生活大補帖
Baby Tips

布置 0 ～ 5 個月的嬰兒房

有些爸比、媽咪會為了方便就近照顧寶寶，將嬰兒床放在同一個房間，但也有些家庭另外設置了嬰兒房。以 0 ～ 5 個月的寶寶房間來說，布置時有幾個重點：

有對外的窗戶

寶寶的房間最好是有可看到戶外的窗戶，採光才會充足。有陽光的日子，媽咪可以讓寶寶沐浴在微微的陽光下，吸收紫外線，或者在寶寶對外界開始感到好奇時，抱著他看看窗外的景色。

床上不要放玩具

床上盡量只放枕頭和棉被，其他如玩具、奶瓶、尿布和衣服等清潔用品最好不要放在床上，以免壓到寶寶，或影響到寶寶翻身、四肢的行動。

準備嬰兒用品專門收納櫃

將寶寶所有的清潔用品、玩具、奶瓶、衣物等，分門別類統一收放在專屬的收納櫃或置物箱裡面。不僅方便取用，更能維持寶寶房間的清潔。

掛一些音樂鈴或玩具

寶寶 2 ～ 3 個月起聽力、視力漸漸發育，對聲音和顏色感到好奇，不妨在嬰兒床前掛上音樂鈴和黑白色的玩具，3 ～ 4 個月以後，改掛上彩色玩具，刺激他的視力發展。

掛上鏡子

在房間裡掛一面安全鏡子，媽咪可以時常抱著寶寶照鏡子，讓他認識自己，知道自己和家人的樣貌，學習認識人。

一年的育兒日記

My Baby's 365 Diary

0

1

2

3
個月

4

5

6

7

8

9

10

11

時間	睡覺	喝奶	便便	換尿片	其他
1 :					
2 :					
3 :					
4 :					
5 :					
6 :					
7 :					
8 :					
9 :					
10 :					
11 :					
12 :					
1 :					
2 :					
3 :					
4 :					
5 :					
6 :					
7 :					
8 :					
9 :					
10 :					
11 :					
12 :					

Mama's memo

換尿片　　次　Total
喝奶（母乳或配方奶）
　　次　c.c.
便便　　次

時間	睡覺	喝奶	便便	換尿片	其他
1 :					
2 :					
3 :					
4 :					
5 :					
6 :					
7 :					
8 :					
9 :					
10 :					
11 :					
12 :					
1 :					
2 :					
3 :					
4 :					
5 :					
6 :					
7 :					
8 :					
9 :					
10 :					
11 :					
12 :					

Mama's memo

換尿片　　次　Total
喝奶（母乳或配方奶）
　　次　c.c.
便便　　次

ℹ️ **mama&baby 小常識**

寶寶在這個時期開始很喜歡亂抓東西放入嘴巴，或者吸吮
手指，建議定時為寶寶修剪指甲，並時常洗手。當寶寶想
要吸吮手指時，媽咪試著將他的注意力移轉到其他地方。

Baby
的一天

時間	睡覺	喝奶	便便	換尿片	其他
1:					
2:					
3:					
4:					
5:					
6:					
7:					
8:					
9:					
10:					
11:					
12:					
1:					
2:					
3:					
4:					
5:					
6:					
7:					
8:					
9:					
10:					
11:					
12:					

Mama's memo

換尿片　　次　Total
喝奶（母乳或配方奶）
　　次　　c.c.
便便　　次

🐤 mama&baby 小常識

寶寶開始因為自己的食慾來調節吃的量，突然食量變小或者不太吃東西。媽咪可觀察一下，如果他玩得很開心、心情、健康狀況都不錯，可先不要太過勉強，以免影響他對食物喜好。但若狀況不佳，則需詢問專業的醫師。

時間	睡覺	喝奶	便便	換尿片	其他
1:					
2:					
3:					
4:					
5:					
6:					
7:					
8:					
9:					
10:					
11:					
12:					
1:					
2:					
3:					
4:					
5:					
6:					
7:					
8:					
9:					
10:					
11:					
12:					

Mama's memo

換尿片　　次　Total
喝奶（母乳或配方奶）
　　次　　c.c.
便便　　次

時間	睡覺	喝奶	便便	換尿片	其他
1 :					
2 :					
3 :					
4 :					
5 :					
6 :					
7 :					
8 :					
9 :					
10 :					
11 :					
12 :					
1 :					
2 :					
3 :					
4 :					
5 :					
6 :					
7 :					
8 :					
9 :					
10 :					
11 :					
12 :					

月　日　星期　天氣

Mama's memo

換尿片 ＿＿＿ 次　Total
喝奶（母乳或配方奶）
＿＿＿ 次 ＿＿＿ c.c.
便便 ＿＿＿ 次

時間	睡覺	喝奶	便便	換尿片	其他
1 :					
2 :					
3 :					
4 :					
5 :					
6 :					
7 :					
8 :					
9 :					
10 :					
11 :					
12 :					
1 :					
2 :					
3 :					
4 :					
5 :					
6 :					
7 :					
8 :					
9 :					
10 :					
11 :					
12 :					

月　日　星期　天氣

Mama's memo

換尿片 ＿＿＿ 次　Total
喝奶（母乳或配方奶）
＿＿＿ 次 ＿＿＿ c.c.
便便 ＿＿＿ 次

ⓘ mama&baby 小常識

寶寶的手因為比較有力，會喜歡抓玩具、手搖鈴或其他隨手可取的小東西。可嘗試準備一些小玩具給他玩，引起他的好奇心，對手部肌肉的正常發育有很大的助益。但須注意這些東西不可有銳角，以免受傷。

Baby
的一天

Day 7

月　日　星期　天氣

時間	睡覺	喝奶	便便	換尿片	其他
1:					
2:					
3:					
4:					
5:					
6:					
7:					
8:					
9:					
10:					
11:					
12:					
1:					
2:					
3:					
4:					
5:					
6:					
7:					
8:					
9:					
10:					
11:					
12:					

Mama's memo

換尿片　　次　Total
喝奶（母乳或配方奶）
　　次　　c.c.
便便　　次

🛈 **mama&baby 小常識**

這時候要開始慢慢準備副食品了，第一步就是要訂出規律的餵奶時間。盡量把餵奶的時間調整成一天 5 ～ 6 次，尤其是半夜不要餵奶，以免破壞用餐節奏，之後要培養寶寶吃副食品會較困難。

育兒生活大補帖
Baby Tips

讓 0 ～ 3 個月寶寶試試這些玩具！

0 ～ 3 個月的寶寶，聽到美妙的聲音或是看見漂亮顏色的玩具，都會受到吸引而感到高興。這時期的寶寶適合顏色單純且有清楚對比（黑、白兩色為主），像是黑白的幾何配色，以及線條輪廓簡潔的東西為佳，能有效刺激寶寶的視覺。音樂玩具則以優美旋律的最好。以下幾種玩具可供爸比、媽咪或者要贈送朋友寶寶的禮物。

吊飾玩具
可以選擇動物、花朵等圖案的飾品，以垂釣的方式懸掛，掛的距離約在寶寶胸前 30 公分處，讓吊飾慢慢旋轉，每隔一陣子再換角度懸掛，達到讓寶寶視覺運動的效果。也可以讓寶寶一面揮動一面玩，讓寶寶即使自己一個人也能獨自玩樂。記得挑選材質不會反光的為佳。

手搖鈴
讓媽咪或寶寶可以拿在手上，搖動就會發出叮叮、噹噹聲音的玩具。這類鈴鐺玩具有助於寶寶的手眼協調，均衡運動到視覺和聽覺。購買時，須注意無毒材質且堅固（寶寶時常會咬）、顏色鮮豔、物體邊緣圓滑和鈴鐺聲響較小的較為合適。

3 個月 第 4 週　*Day 1*

月　日　星期　天氣

時間	睡覺	喝奶	便便	換尿片	其他
1：					
2：					
3：					
4：					
5：					
6：					
7：					
8：					
9：					
10：					
11：					
12：					
1：					
2：					
3：					
4：					
5：					
6：					
7：					
8：					
9：					
10：					
11：					
12：					

Mama's memo

換尿片　　次　Total
喝奶（母乳或配方奶）
　　次　　c.c.
便便　　次

ℹ mama&baby 小常識

這時候的寶寶開始關心周遭，更樂於和人接觸，會開心的笑出聲音，更會說簡單的音節。家人們可以多和寶寶對話，或是學動物的聲音、放些音樂給他聽。

Day 2

月　日　星期　天氣

時間	睡覺	喝奶	便便	換尿片	其他
1：					
2：					
3：					
4：					
5：					
6：					
7：					
8：					
9：					
10：					
11：					
12：					
1：					
2：					
3：					
4：					
5：					
6：					
7：					
8：					
9：					
10：					
11：					
12：					

Mama's memo

換尿片　　次　Total
喝奶（母乳或配方奶）
　　次　　c.c.
便便　　次

Baby
的一天

Day 3　　月　日　星期　天氣

時間	睡覺	喝奶	便便	換尿片	其他
1：					
2：					
3：					
4：					
5：					
6：					
7：					
8：					
9：					
10：					
11：					
12：					
1：					
2：					
3：					
4：					
5：					
6：					
7：					
8：					
9：					
10：					
11：					
12：					

Mama's memo

i mama&baby 小常識

寶寶開始活潑愛動了，雙腳也開始亂踢亂動，這時寶寶的雙腳和雙手的左右移動已經可以一致囉！

Day 4　　月　日　星期　天氣

時間	睡覺	喝奶	便便	換尿片	其他
1：					
2：					
3：					
4：					
5：					
6：					
7：					
8：					
9：					
10：					
11：					
12：					
1：					
2：					
3：					
4：					
5：					
6：					
7：					
8：					
9：					
10：					
11：					
12：					

Mama's memo

換尿片　　次　Total
喝奶（母乳或配方奶）
　　次　　c.c.
便便　　次

換尿片　　次　Total
喝奶（母乳或配方奶）
　　次　　c.c.
便便　　次

0
1
2
3
個月
4
5
6
7
8
9
10
11

Baby
的一天

一年的育兒日記
My Baby's 365 Diary

0
1
2
3
個月
4
5
6
7
8
9
10
11

月　日　星期　天氣

時間	睡覺	喝奶	便便	換尿片	其他
1：					
2：					
3：					
4：					
5：					
6：					
7：					
8：					
9：					
10：					
11：					
12：					
1：					
2：					
3：					
4：					
5：					
6：					
7：					
8：					
9：					
10：					
11：					
12：					

Mama's memo

換尿片　　次　Total
喝奶（母乳或配方奶）
　　次　　c.c.
便便　　次

ℹ mama&baby 小常識

仔細聆聽和觀察，會發現寶寶每次的哭聲不一樣。比如說媽咪突然消失在視線範圍、便便了，或者受到媽咪的不安、煩躁情緒感染而發出的哭聲，都會有些微的不同喔！

月　日　星期　天氣

時間	睡覺	喝奶	便便	換尿片	其他
1：					
2：					
3：					
4：					
5：					
6：					
7：					
8：					
9：					
10：					
11：					
12：					
1：					
2：					
3：					
4：					
5：					
6：					
7：					
8：					
9：					
10：					
11：					
12：					

Mama's memo

換尿片　　次　Total
喝奶（母乳或配方奶）
　　次　　c.c.
便便　　次

Baby
的一天

Day 7

月　日　星期　天氣

時間	睡覺	喝奶	便便	換尿片	其他
1:					
2:					
3:					
4:					
5:					
6:					
7:					
8:					
9:					
10:					
11:					
12:					
1:					
2:					
3:					
4:					
5:					
6:					
7:					
8:					
9:					
10:					
11:					
12:					

Mama's memo

換尿片　　　次　Total
喝奶（母乳或配方奶）
　　　次　　　c.c.
便便　　次

🐾 mama&baby 小常識

因為寶寶喜歡抓東西放入嘴巴或玩耍，注意要將一些危險物品，像打火機、香菸、小鈕釦或小零件等移到寶寶拿不到的地方，防止寶寶誤食。

育兒生活大補帖
Baby Tips

寶寶愛哭不睡怎麼辦？

寶寶哭個不停、不睡覺怎麼辦？這是困擾許多爸比、媽咪的問題。的確，如果寶寶睡不好，或者睡覺時間沒有規律就會精神不佳，影響到腦部和身體的發育，同時也會對爸比、媽咪的生活和工作造成不便。當寶寶愛哭不睡時，試試下列幾種方法，但若情況持續沒有改善，建議尋求醫生的協助。

肚子餓或尿片濕了

尤其是 3～4 個月前的寶寶，沒有白天、夜晚的概念，所以到了晚上不見得會想睡覺，即使晚上也會肚子餓或便便、尿尿，可以先從這方面著手。

媽咪不見了

有些寶寶不是和爸比、媽咪同房，當媽咪離開他的視線，就會感到不安。建議媽咪先抱著寶寶哄哄他、說說話，讓他感到擔心。

安撫寶寶

寶寶哇哇大哭時，可以試著拍拍背、摸摸他的肚子，和他玩一玩，讓他心情稍微平復安定下來。

改善環境

檢查一下周遭的環境，像是否有嘈雜的聲音、照明是不是太亮、是不是太冷或太熱等等，因這個時期的寶寶對環境最敏感，所以更要仔細檢查，營造適合睡眠的環境，建立規律生活。

唱唱或聽聽搖籃曲

媽咪可以唱唱搖籃曲，像《搖嬰仔歌》、《一暝大一寸》、《寶寶睡》、《小星星》等歌謠，或者播放布拉姆斯、舒伯特、莫札特的優美古典搖籃曲，都有助於寶寶一覺好眠。

Day 1　　　　　*Day 2*　　　　　*Day 3*

Day 1

月　日　星期　天氣

時間	睡覺	喝奶	便便	換尿片	其他	Mama's memo
1 :						
2 :						
3 :						
4 :						
5 :						
6 :						
7 :						
8 :						
9 :						
10 :						
11 :						
12 :						
1 :						
2 :						
3 :						
4 :						
5 :						
6 :						
7 :						
8 :						
9 :						
10 :						
11 :						
12 :						

換尿片　　次　Total
喝奶（母乳或配方奶）
　次　　　c.c.
便便　　次

Baby 的一天

Day 2

月　日　星期　天氣

時間	睡覺	喝奶	便便	換尿片	其他	Mama's memo
1 :						
2 :						
3 :						
4 :						
5 :						
6 :						
7 :						
8 :						
9 :						
10 :						
11 :						
12 :						
1 :						
2 :						
3 :						
4 :						
5 :						
6 :						
7 :						
8 :						
9 :						
10 :						
11 :						
12 :						

換尿片　　次　Total
喝奶（母乳或配方奶）
　次　　　c.c.
便便　　次

Day 3

月　日　星期　天氣

時間	睡覺	喝奶	便便	換尿片	其他	Mama's memo
1 :						
2 :						
3 :						
4 :						
5 :						
6 :						
7 :						
8 :						
9 :						
10 :						
11 :						
12 :						
1 :						
2 :						
3 :						
4 :						
5 :						
6 :						
7 :						
8 :						
9 :						
10 :						
11 :						
12 :						

換尿片　　次　Total
喝奶（母乳或配方奶）
　次　　　c.c.
便便　　次

滿 **4** 個月

Baby 4 Months

好奇心旺盛的寶寶雖然還不會說話，
但睜著大大的眼睛，
比手畫腳地，
是不是迫不及待想要出門走走呢？

寶寶諺語

在西方的諺語中，將可愛的「鵜鶘」喻為「送子鳥」。
鵜鶘將新生寶寶裝在它大大的嘴巴裡，送到每個家
庭，可以説鵜鶘送來了許多人渴望的幸福新生活。

4 個月 第 1 週　　*Day 1*

月　日　星期　天氣

時間	睡覺	喝奶	便便	換尿片	其他
1 :					
2 :					
3 :					
4 :					
5 :					
6 :					
7 :					
8 :					
9 :					
10 :					
11 :					
12 :					
1 :					
2 :					
3 :					
4 :					
5 :					
6 :					
7 :					
8 :					
9 :					
10 :					
11 :					
12 :					

Mama's memo

換尿片　　　次　　Total
喝奶（母乳或配方奶）
　　　次　　　c.c.
便便　　　次

Day 2

月　日　星期　天氣

時間	睡覺	喝奶	便便	換尿片	其他
1 :					
2 :					
3 :					
4 :					
5 :					
6 :					
7 :					
8 :					
9 :					
10 :					
11 :					
12 :					
1 :					
2 :					
3 :					
4 :					
5 :					
6 :					
7 :					
8 :					
9 :					
10 :					
11 :					
12 :					

Mama's memo

換尿片　　　次　　Total
喝奶（母乳或配方奶）
　　　次　　　c.c.
便便　　　次

ℹ **mama&baby 小常識**

3 個月的時候，寶寶對鏡子還沒有反應，但 4 個月的寶寶開始對鏡子有興趣了，還會對鏡子裡的人笑。雖然這時候寶寶還沒辦法分辨鏡子裡的人就是自己，不過是自我意識啟蒙的重要時機。

Baby 的一天

月 日 星期 天氣

時間	睡覺	喝奶	便便	換尿片	其他
1 :					
2 :					
3 :					
4 :					
5 :					
6 :					
7 :					
8 :					
9 :					
10 :					
11 :					
12 :					
1 :					
2 :					
3 :					
4 :					
5 :					
6 :					
7 :					
8 :					
9 :					
10 :					
11 :					
12 :					

Mama's memo

換尿片 ___ 次　Total
喝奶（母乳或配方奶）
___ 次 ___ c.c.
便便 ___ 次

月 日 星期 天氣

時間	睡覺	喝奶	便便	換尿片	其他
1 :					
2 :					
3 :					
4 :					
5 :					
6 :					
7 :					
8 :					
9 :					
10 :					
11 :					
12 :					
1 :					
2 :					
3 :					
4 :					
5 :					
6 :					
7 :					
8 :					
9 :					
10 :					
11 :					
12 :					

Mama's memo

換尿片 ___ 次　Total
喝奶（母乳或配方奶）
___ 次 ___ c.c.
便便 ___ 次

ⓘ mama&baby 小常識

在這個時期，是寶寶和家人一起到戶外走走的最好時機，不僅能激發寶寶對外在事物的好奇心，更能增加他對外在環境的抵抗力。一天外出 30 分鐘到 1 小時最恰當，但仍應避免到人群過多的地方。

4 個月 第 1 週　*Day 5*

月　日　星期　天氣

時間	睡覺	喝奶	便便	換尿片	其他
1:					
2:					
3:					
4:					
5:					
6:					
7:					
8:					
9:					
10:					
11:					
12:					
1:					
2:					
3:					
4:					
5:					
6:					
7:					
8:					
9:					
10:					
11:					
12:					

Mama's memo

換尿片　　　次　Total
喝奶（母乳或配方奶）
　　　次　　　c.c.
便便　　　次

mama&baby 小常識

4 個月大的寶寶已經可以暫時靠著東西坐著了，不過坐沒
多久就會向旁邊倒，仍不穩定。家人倒也不用勉強寶寶久
坐，等以後肌肉發展得更有力，自然就可以坐得穩。

Day 6

月　日　星期　天氣

時間	睡覺	喝奶	便便	換尿片	其他
1:					
2:					
3:					
4:					
5:					
6:					
7:					
8:					
9:					
10:					
11:					
12:					
1:					
2:					
3:					
4:					
5:					
6:					
7:					
8:					
9:					
10:					
11:					
12:					

Mama's memo

換尿片　　　次　Total
喝奶（母乳或配方奶）
　　　次　　　c.c.
便便　　　次

Baby
的一天

Day 7

時間	睡覺	喝奶	便便	換尿片	其他
1：					
2：					
3：					
4：					
5：					
6：					
7：					
8：					
9：					
10：					
11：					
12：					
1：					
2：					
3：					
4：					
5：					
6：					
7：					
8：					
9：					
10：					
11：					
12：					

Mama's memo

換尿片　　　次　Total
喝奶（母乳或配方奶）
　　　　次　　　c.c.
便便　　次

ⓘ mama&baby 小常識

到 4 個月的時候，寶寶應該都可以翻身了，而且活動力增加不少，所以很容易流汗。最好讓寶寶穿吸水性好的棉質衣服，以及方便活動的衣服。

育兒生活大補帖
Baby Tips

出生 4 ～ 5 個月寶寶的特徵

這個時期的寶寶，除了手眼協調、可稍微坐著等生理發育之外，心理層面上好奇心更旺盛，也能認得爸比、媽咪了。

手眼協調

拿一個玩具放在寶寶的眼前，他會伸手想要去抓玩具。如果試圖將玩具拿到另一個方向，他也會追逐玩具，可見寶寶此時手和眼睛的協調能力逐漸增加。也能看著自己的手玩或吸吮。

可稍微靠著坐

寶寶如果背後靠著枕頭或抱枕，可以暫時坐著，但一會就會倒向另一個方向。此時爸比、媽咪不需太心急勉強寶寶久坐，以免寶寶引發討厭的情緒。

好奇心旺盛

除了喜歡觀察自己的手腳，周遭的所有東西，都能引起他的興趣。家中擺設的物品，只要伸手可及都會被寶寶搶過來玩。

慢慢開始會認人

寶寶會認人了，看到爸比、媽咪的臉會很開心，但也表示如果看到不熟悉的臉孔，可能會有大哭的情緒反應發生。

可以開始吃副食品

由於配方奶和母奶的養分不足以供給寶寶發育的養分，因此必須開始吃副食品，也就是離乳食品。當他邊看別人吃東西會流口水、很注意他人的食品，或者將湯匙放在寶寶唇邊時，他不會用舌頭把湯匙往外推時，就是可以開始食用副食品的好時機了。

4 個月 第 2 週

Day 1　　　　月　日　星期　天氣

時 間	睡覺	喝奶	便便	換尿片	其他
1 :					
2 :					
3 :					
4 :					
5 :					
6 :					
7 :					
8 :					
9 :					
10 :					
11 :					
12 :					
1 :					
2 :					
3 :					
4 :					
5 :					
6 :					
7 :					
8 :					
9 :					
10 :					
11 :					
12 :					

Mama's memo

換尿片 ___ 次　Total
喝奶（母乳或配方奶）
　　___ 次　___ c.c.
便便 ___ 次

mama&baby 小常識

4 個月的時候，母奶或是配方奶所提供的營養素已經不夠維持寶寶所需的能量，所以要開始吃副食品。不過，吃母奶或是有過敏體質的寶寶，建議過 6 個月再開始吃。

Day 2　　　　月　日　星期　天氣

時 間	睡覺	喝奶	便便	換尿片	其他
1 :					
2 :					
3 :					
4 :					
5 :					
6 :					
7 :					
8 :					
9 :					
10 :					
11 :					
12 :					
1 :					
2 :					
3 :					
4 :					
5 :					
6 :					
7 :					
8 :					
9 :					
10 :					
11 :					
12 :					

Mama's memo

換尿片 ___ 次　Total
喝奶（母乳或配方奶）
　　___ 次　___ c.c.
便便 ___ 次

Baby
的一天

月　日　星期　天氣

時間	睡覺	喝奶	便便	換尿片	其他
1：					
2：					
3：					
4：					
5：					
6：					
7：					
8：					
9：					
10：					
11：					
12：					
1：					
2：					
3：					
4：					
5：					
6：					
7：					
8：					
9：					
10：					
11：					
12：					

Mama's memo

換尿片　　　次　Total
喝奶（母乳或配方奶）
　　　　次　　　c.c.
便便　　次

🐻 mama&baby 小常識

一般來說，4個月大的寶寶感官發展已經有一定程度，如果這時候的寶寶對聲音刺激沒有任何反應，一定要前往接受醫生的專業檢查。

月　日　星期　天氣

時間	睡覺	喝奶	便便	換尿片	其他
1：					
2：					
3：					
4：					
5：					
6：					
7：					
8：					
9：					
10：					
11：					
12：					
1：					
2：					
3：					
4：					
5：					
6：					
7：					
8：					
9：					
10：					
11：					
12：					

Mama's memo

換尿片　　　次　Total
喝奶（母乳或配方奶）
　　　　次　　　c.c.
便便　　次

4個月 第2週

月　日　星期　天氣

時間	睡覺	喝奶	便便	換尿片	其他
1：					
2：					
3：					
4：					
5：					
6：					
7：					
8：					
9：					
10：					
11：					
12：					
1：					
2：					
3：					
4：					
5：					
6：					
7：					
8：					
9：					
10：					
11：					
12：					

Mama's memo

換尿片　　　次　Total
喝奶（母乳或配方奶）
　　　次　　　c.c.
便便　　　次

ℹ mama&baby 小常識

寶寶對熟悉的聲音會有反應，可以跟他玩尋找聲音的遊戲。
在寶寶的視線範圍外發出聲音，可以擴大他的探索範圍，
有助於聽力和專注力的練習。

月　日　星期　天氣

時間	睡覺	喝奶	便便	換尿片	其他
1：					
2：					
3：					
4：					
5：					
6：					
7：					
8：					
9：					
10：					
11：					
12：					
1：					
2：					
3：					
4：					
5：					
6：					
7：					
8：					
9：					
10：					
11：					
12：					

Mama's memo

換尿片　　　次　Total
喝奶（母乳或配方奶）
　　　次　　　c.c.
便便　　　次

Baby
的一天

Day 7

時間	睡覺	喝奶	便便	換尿片	其他
1:					
2:					
3:					
4:					
5:					
6:					
7:					
8:					
9:					
10:					
11:					
12:					
1:					
2:					
3:					
4:					
5:					
6:					
7:					
8:					
9:					
10:					
11:					
12:					

月　日　星期　天氣

Mama's memo

換尿片　　　次　　Total
喝奶（母乳或配方奶）
　　　次　　　c.c.
便便　　　次

① mama&baby 小常識

這時候的寶寶可以讓他習慣一個人玩，如果之前養成了寶寶一哭，爸比、媽咪就抱的習慣，更要趁這個時候養成寶寶一個人玩的習慣。

育兒生活大補帖
Baby Tips

關於副食品，我有問題！

以下是幾個常見的問題，新手爸比、媽咪製作副食品前可以先閱讀一下做參考，或者詢問專業的醫師或營養師。

Q：副食品什麼時候開始吃呢？？
A：一般來說，寶寶約在 4 個月後可食用副食品，不過，喝母奶或是敏感體質的寶寶，建議可過了 6 個月再開始食用副食品。

Q：寶寶為什麼不能太早吃副食品？
A：對新生嬰兒來說，母奶因含有可增加寶寶抵抗力的養分，所以是最棒的營養來源，當然也有以配方奶輔助的。如果太早食用副食品，可能會營養不足，而且因吸收太多的熱量而增加肥胖的危險。

Q：寶寶各個成長階段該吃什麼？
A：通常 4 個月起，寶寶可以嘗試配方奶或母奶以外的食品，專家建議可以先吃米麥糊，若寶寶沒有皮膚或排泄方面的異常，就可以繼續食用。5 個月起，可以給予稀釋後的果汁和稀粥，再好好觀察寶寶的反應。建議最好一樣一樣測試，避免一次餵太多種食物。6 個月以後，可以吃新鮮果泥、果汁和粥。7 個月以上可試試牙餅、濃湯。8 個月可嘗試的食物更多樣了，像切碎的蔬菜、蒸蛋、肉泥等等。但記得要依照寶寶的反應做適當的調配，也可詢問專業醫師或營養師。

Q：特殊體質的寶寶該如何食用副食品？
A：如果寶寶是過敏體質，需特別詢問醫生在飲食上的注意事項。不過，因寶寶的個體發展不盡相同，爸比、媽咪最好能記錄自己寶寶會過敏的食物，是對日後飲食的調配的基礎。

4 個月 第 3 週　*Day 1*

月　日　星期　天氣

時間	睡覺	喝奶	便便	換尿片	其他
1:					
2:					
3:					
4:					
5:					
6:					
7:					
8:					
9:					
10:					
11:					
12:					
1:					
2:					
3:					
4:					
5:					
6:					
7:					
8:					
9:					
10:					
11:					
12:					

Mama's memo

換尿片　　　次　Total
喝奶（母乳或配方奶）
　　　次　　　c.c.
便便　　次

ℹ **mama&baby 小常識**

雖然寶寶的發展仍有個體的差異，但一般而言，3 個月大的寶寶脖子已經可以撐住了。如果到了 4 個月脖子都還撐不起來，建議到小兒科接受徹底的檢查為佳。

Day 2

月　日　星期　天氣

時間	睡覺	喝奶	便便	換尿片	其他
1:					
2:					
3:					
4:					
5:					
6:					
7:					
8:					
9:					
10:					
11:					
12:					
1:					
2:					
3:					
4:					
5:					
6:					
7:					
8:					
9:					
10:					
11:					
12:					

Mama's memo

換尿片　　　次　Total
喝奶（母乳或配方奶）
　　　次　　　c.c.
便便　　次

Baby
的一天

時間	睡覺	喝奶	便便	換尿片	其他
1:					
2:					
3:					
4:					
5:					
6:					
7:					
8:					
9:					
10:					
11:					
12:					
1:					
2:					
3:					
4:					
5:					
6:					
7:					
8:					
9:					
10:					
11:					
12:					

Mama's memo

換尿片　　　次
喝奶（母乳或配方奶）
　　　次　　　c.c.
便便　　　次

mama&baby 小常識

可以多讓寶寶做踢、蹬的活動，訓練他下肢的力量，這樣對以後學走路的幫助很大。可以在嬰兒床上面懸吊寶寶喜歡的玩具，引導他用腳踢，或者抱起寶寶，讓他在媽咪、爸比腳上跳來跳去，可以促進寶寶腦部的平衡發展。

時間	睡覺	喝奶	便便	換尿片	其他
1:					
2:					
3:					
4:					
5:					
6:					
7:					
8:					
9:					
10:					
11:					
12:					
1:					
2:					
3:					
4:					
5:					
6:					
7:					
8:					
9:					
10:					
11:					
12:					

Mama's memo

換尿片　　　次
喝奶（母乳或配方奶）
　　　次　　　c.c.
便便　　　次

4個月 第3週 *Day 5*

月　日　星期　天氣

時間	睡覺	喝奶	便便	換尿片	其他
1:					
2:					
3:					
4:					
5:					
6:					
7:					
8:					
9:					
10:					
11:					
12:					
1:					
2:					
3:					
4:					
5:					
6:					
7:					
8:					
9:					
10:					
11:					
12:					

Mama's memo

換尿片　　　次　Total
喝奶（母乳或配方奶）
　　　次　　　c.c.
便便　　　次

ⓘ mama&baby 小常識

有人說常抱的寶寶比起自己玩著長大的寶寶成長速度慢，
這個說法不見得對，但當寶寶的各項成長都落後平均數值
太多、生長情況差很多的時候，建議帶寶寶去諮詢專家的
意見，不可以太輕忽大意。

Day 6

月　日　星期　天氣

時間	睡覺	喝奶	便便	換尿片	其他
1:					
2:					
3:					
4:					
5:					
6:					
7:					
8:					
9:					
10:					
11:					
12:					
1:					
2:					
3:					
4:					
5:					
6:					
7:					
8:					
9:					
10:					
11:					
12:					

Mama's memo

換尿片　　　次　Total
喝奶（母乳或配方奶）
　　　次　　　c.c.
便便　　　次

Baby
的一天

月　日　星期　天氣

Mama's memo

時間	睡覺	喝奶	便便	換尿片	其他
1：					
2：					
3：					
4：					
5：					
6：					
7：					
8：					
9：					
10：					
11：					
12：					
1：					
2：					
3：					
4：					
5：					
6：					
7：					
8：					
9：					
10：					
11：					
12：					

換尿片　　　次　Total
喝奶（母乳或配方奶）
　　　次　　c.c.
便便　　　次

ℹ mama&baby 小常識

4 個月大的寶寶對有聲音或顏色鮮豔的東西都很有興趣，可以趁這個時候多跟寶寶說話，寶寶接受的語言刺激多，會比較快學會說話，日後表達能力也會比較好。

育兒生活大補帖
Baby Tips

食用副食品前的注意事項——1

副食品對寶寶的成長和腦部的發育，有著相當重要的影響，所以，該給寶寶吃什麼、哪些東西不適合吃、需不需要調味，爸比、媽咪都需事先瞭解。

過敏寶寶 6 個月後再食用

有過敏體質的寶寶，或者母奶寶寶最好 6 個月以後再食用，以免過敏會更嚴重。家中如果有人是過敏體質，也盡量不要讓寶寶在 6 個月前吃副食品。

5 個月之前不可吃水果

許多水果中有引發過敏的成分，在寶寶的腸胃功能尚未發展完成前，如果吃水果，可能會導致腹瀉。而且醫生建議吃的是米麥糊，如果在吃米麥糊前就吃甜甜的果汁，寶寶可能就很難接受米麥糊了。

麵包不可吃

麵包容易黏住寶寶的上顎，還有可能會阻塞氣管導致窒息的危險，建議這時先不要食用。

以蒸煮調理方式為佳

烹調副食品時，盡量不要用到食用油。食用母奶或配方奶時，奶中已經含有優質的脂肪，所以建議食物以蒸、煮烹調，以免寶寶現在吃太油。

弄成易入口的大小

為了避免寶寶直接吞入食物堵住喉嚨，爸比、媽咪應該先將食物撕或切得小小的，再給寶寶食用。

1 歲前先別喝鮮奶

鮮奶被證實是很容易引發過敏的食物，即使經過煮沸再食用，仍然可能引發過敏，所以製作副食品的過程中如果需要用到奶，還是以母奶或配方奶為最佳選擇。

*4*個月 第4週

月　日　星期　天氣

時間	睡覺	喝奶	便便	換尿片	其他
1:					
2:					
3:					
4:					
5:					
6:					
7:					
8:					
9:					
10:					
11:					
12:					
1:					
2:					
3:					
4:					
5:					
6:					
7:					
8:					
9:					
10:					
11:					
12:					

Mama's memo

換尿片　　　次　Total
喝奶（母乳或配方奶）
　　　次　　　c.c.
便便　　　次

❶ mama&baby 小常識

這時候的寶寶已經會區分媽咪的聲音是生氣還是溫和，而且也已經有嗅覺了，頭和注意力都會轉向有味道的地方。

月　日　星期　天氣

時間	睡覺	喝奶	便便	換尿片	其他
1:					
2:					
3:					
4:					
5:					
6:					
7:					
8:					
9:					
10:					
11:					
12:					
1:					
2:					
3:					
4:					
5:					
6:					
7:					
8:					
9:					
10:					
11:					
12:					

Mama's memo

換尿片　　　次　Total
喝奶（母乳或配方奶）
　　　次　　　c.c.
便便　　　次

Baby
的一天

0
1
2
3
4 個月
5
6
7
8
9
10
11

月　日　星期　天氣

時間	睡覺	喝奶	便便	換尿片	其他
1 :					
2 :					
3 :					
4 :					
5 :					
6 :					
7 :					
8 :					
9 :					
10 :					
11 :					
12 :					
1 :					
2 :					
3 :					
4 :					
5 :					
6 :					
7 :					
8 :					
9 :					
10 :					
11 :					
12 :					

Mama's memo

換尿片 　　 次　Total
喝奶（母乳或配方奶）
　　 次　　 c.c.
便便　　 次

ⓘ mama&baby 小常識

這時期因為只是副食品的初期，是為了讓寶寶嘗試新的口感，所以副食品不需調味。萬一寶寶不願意吃的話，可以在副食品裡面添加一些配方奶，有寶寶熟悉的味道會比較容易接受。

月　日　星期　天氣

時間	睡覺	喝奶	便便	換尿片	其他
1 :					
2 :					
3 :					
4 :					
5 :					
6 :					
7 :					
8 :					
9 :					
10 :					
11 :					
12 :					
1 :					
2 :					
3 :					
4 :					
5 :					
6 :					
7 :					
8 :					
9 :					
10 :					
11 :					
12 :					

Mama's memo

換尿片 　　 次　Total
喝奶（母乳或配方奶）
　　 次　　 c.c.
便便　　 次

一年的育兒日記　My Baby's 365 Diary

0
1
2
3
4
個月
5
6
7
8
9
10
11

Baby
的一天

4個月 第4週　*Day 5*

時間	睡覺	喝奶	便便	換尿片	其他
1:					
2:					
3:					
4:					
5:					
6:					
7:					
8:					
9:					
10:					
11:					
12:					
1:					
2:					
3:					
4:					
5:					
6:					
7:					
8:					
9:					
10:					
11:					
12:					

月　日　星期　天氣

Mama's memo

換尿片　　　次　Total
喝奶（母乳或配方奶）
　　　次　　　c.c.
便便　　　次

Day 6

時間	睡覺	喝奶	便便	換尿片	其他
1:					
2:					
3:					
4:					
5:					
6:					
7:					
8:					
9:					
10:					
11:					
12:					
1:					
2:					
3:					
4:					
5:					
6:					
7:					
8:					
9:					
10:					
11:					
12:					

月　日　星期　天氣

Mama's memo

換尿片　　　次　Total
喝奶（母乳或配方奶）
　　　次　　　c.c.
便便　　　次

ℹ mama&baby 小常識

剛開始餵寶寶吃離乳食品的時候，千萬不要太心急，先餵
1小匙（5～10克）的份量就好。等寶寶習慣了之後，再
慢慢斟酌加量。

Baby
的一天

Day 7

| 月 | 日 | 星期 | 天氣 |

Mama's memo

時間	睡覺	喝奶	便便	換尿片	其他
1：					
2：					
3：					
4：					
5：					
6：					
7：					
8：					
9：					
10：					
11：					
12：					
1：					
2：					
3：					
4：					
5：					
6：					
7：					
8：					
9：					
10：					
11：					
12：					

換尿片 ＿＿ 次　Total
喝奶（母乳或配方奶）
＿＿ 次 ＿＿ c.c.
便便 ＿＿ 次

mama&baby 小常識

為了瞭解寶寶對不同食物的反應，一種食材最好先試餵3～4天，這樣比較方便觀察，不要一次就給寶寶吃太多樣化的食物。

育兒生活大補帖
Baby Tips

食用副食品前的注意事項──2

寶寶在吃副食品時，一定要注意什麼食材不能吃，以下是幾個飲食原則，爸比、媽咪一定要記得喔！

用白飯取代生米煮粥

可以利用白飯煮粥，不僅可以省下不少烹調的時間，養分也一樣不流失。

肉的攝取很重要

6個月的寶寶從媽咪那邊攝取到的鐵已經用完，光靠母奶和配方奶很難攝取到足夠的鐵，因此建議從雞肉、牛肉等食材中獲得。

1歲前攝取纖維質幫助不大

纖維質雖然可幫助排便，但對於腸胃還沒有發育完全的1歲前寶寶來說，可能會引起腹瀉和消化不良，甚至使好不容易攝取到的養分都排出體外。

1歲前少吃這些食物

即使寶寶不屬於過敏體質，1歲前也盡量不要吃鮮奶、蛋白；2歲前不可吃巧克力；3歲以後再吃堅果。

別在給寶寶吃東西前喝甜味飲料

不管寶寶喜不喜歡吃米麥糊、稀粥等副食品，絕對避免在用餐前給寶寶吃甜味的飲料或食物。因為寶寶一旦吃了甜的東西，胃口會降低，自然不愛吃正餐。所以，如果在餐前口渴，盡量喝水就好。

盡量不要只吃流質副食品

副食品除了可幫助寶寶攝取養分，以利成長外，另外還有一個目的，就是練習咀嚼，所以盡量不要讓寶寶習慣只吃液態的副食品。

Day 1　　　　　*Day 2*　　　　　*Day 3*

0
1
2
3
4 個月
5
6
7
8
9
10
11

Baby 的一天

Day 1

月　日　星期　天氣

時間	睡覺	喝奶	便便	換尿片	其他	Mama's memo
1 :						
2 :						
3 :						
4 :						
5 :						
6 :						
7 :						
8 :						
9 :						
10 :						
11 :						
12 :						
1 :						
2 :						
3 :						
4 :						
5 :						
6 :						
7 :						
8 :						
9 :						
10 :						
11 :						
12 :						

換尿片　　　次　Total
喝奶（母乳或配方奶）
　　次　　　c.c.
便便　　次

Day 2

月　日　星期　天氣

時間	睡覺	喝奶	便便	換尿片	其他	Mama's memo
1 :						
2 :						
3 :						
4 :						
5 :						
6 :						
7 :						
8 :						
9 :						
10 :						
11 :						
12 :						
1 :						
2 :						
3 :						
4 :						
5 :						
6 :						
7 :						
8 :						
9 :						
10 :						
11 :						
12 :						

換尿片　　　次　Total
喝奶（母乳或配方奶）
　　次　　　c.c.
便便　　次

Day 3

月　日　星期　天氣

時間	睡覺	喝奶	便便	換尿片	其他	Mama's memo
1 :						
2 :						
3 :						
4 :						
5 :						
6 :						
7 :						
8 :						
9 :						
10 :						
11 :						
12 :						
1 :						
2 :						
3 :						
4 :						
5 :						
6 :						
7 :						
8 :						
9 :						
10 :						
11 :						
12 :						

換尿片　　　次　Total
喝奶（母乳或配方奶）
　　次　　　c.c.
便便　　次

滿 5 個月

Baby 5 Months

之前每天都很愛哭的小寶寶，
突然間變得成熟懂事了，
原來是因為眼前的玩具，
奪取了他的目光呀！

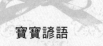

寶寶諺語

常聽到的「啣著金、銀湯匙出生」西方諺語，是指在彌
月時贈送寶寶專屬於自己的金或銀製叉匙，有希望寶寶
幸福且早日成長的含意，尤其在北歐等國家更盛行。

0
1
2
3
4
5
個月
6
7
8
9
10
11

Day 1

月　日　星期　天氣

時間	睡覺	喝奶	便便	換尿片	其他
1 :					
2 :					
3 :					
4 :					
5 :					
6 :					
7 :					
8 :					
9 :					
10 :					
11 :					
12 :					
1 :					
2 :					
3 :					
4 :					
5 :					
6 :					
7 :					
8 :					
9 :					
10 :					
11 :					
12 :					

Mama's memo

換尿片 ___ 次　Total
喝奶（母乳或配方奶）
___ 次 ___ c.c.
便便 ___ 次

Day 2

月　日　星期　天氣

時間	睡覺	喝奶	便便	換尿片	其他
1 :					
2 :					
3 :					
4 :					
5 :					
6 :					
7 :					
8 :					
9 :					
10 :					
11 :					
12 :					
1 :					
2 :					
3 :					
4 :					
5 :					
6 :					
7 :					
8 :					
9 :					
10 :					
11 :					
12 :					

Mama's memo

換尿片 ___ 次　Total
喝奶（母乳或配方奶）
___ 次 ___ c.c.
便便 ___ 次

ⓘ **mama&baby 小常識**

要注意了！這時候從媽咪獲得的母體免疫力開始下降，寶寶比較容易感冒、生病，所以一定要特別注意寶寶的身體健康狀況。

Baby
的一天

Day 3

月　日　星期　天氣

Mama's memo

時間	睡覺	喝奶	便便	換尿片	其他
1：					
2：					
3：					
4：					
5：					
6：					
7：					
8：					
9：					
10：					
11：					
12：					
1：					
2：					
3：					
4：					
5：					
6：					
7：					
8：					
9：					
10：					
11：					
12：					

換尿片　　　次　**Total**
喝奶（母乳或配方奶）
　　　次　　　c.c.
便便　　　次

Day 4

月　日　星期　天氣

Mama's memo

時間	睡覺	喝奶	便便	換尿片	其他
1：					
2：					
3：					
4：					
5：					
6：					
7：					
8：					
9：					
10：					
11：					
12：					
1：					
2：					
3：					
4：					
5：					
6：					
7：					
8：					
9：					
10：					
11：					
12：					

換尿片　　　次　**Total**
喝奶（母乳或配方奶）
　　　次　　　c.c.
便便　　　次

0
1
2
3
4
5
個月
6
7
8
9
10
11

ⓘ **mama&baby 小常識**

寶寶開始會認生了，可以認出媽咪、爸比與其他人的臉，
看到陌生的臉會害怕。這是自然的發育過程，大概要等到
15 個月後，這種情況才會漸漸消失。

Baby
的一天

時間	睡覺	喝奶	便便	換尿片	其他
1:					
2:					
3:					
4:					
5:					
6:					
7:					
8:					
9:					
10:					
11:					
12:					
1:					
2:					
3:					
4:					
5:					
6:					
7:					
8:					
9:					
10:					
11:					
12:					

月　日　星期　天氣

Mama's memo

換尿片　　次 **Total**
喝奶（母乳或配方奶）
　　次　　c.c.
便便　　次

時間	睡覺	喝奶	便便	換尿片	其他
1:					
2:					
3:					
4:					
5:					
6:					
7:					
8:					
9:					
10:					
11:					
12:					
1:					
2:					
3:					
4:					
5:					
6:					
7:					
8:					
9:					
10:					
11:					
12:					

月　日　星期　天氣

Mama's memo

換尿片　　次 **Total**
喝奶（母乳或配方奶）
　　次　　c.c.
便便　　次

ℹ mama&baby 小常識

4～6個月都算是食用副食品的初期，在調製副食品的時候，記得先以容易消化的穀類和蔬菜類為主。蛋白質食品對這時候的寶寶來說還太硬，不好消化，還可能會食物過敏，所以等過一陣子再開始餵寶寶吃蛋白質食品。

Baby 的一天

0 1 2 3 4 **5 個月** 6 7 8 9 10 11

Day 7

月　日　星期　天氣

時間	睡覺	喝奶	便便	換尿片	其他
1:					
2:					
3:					
4:					
5:					
6:					
7:					
8:					
9:					
10:					
11:					
12:					
1:					
2:					
3:					
4:					
5:					
6:					
7:					
8:					
9:					
10:					
11:					
12:					

Mama's memo

換尿片 ___ 次　**Total**
喝奶（母乳或配方奶）
___ 次 ___ c.c.
便便 ___ 次

ℹ mama&baby 小常識

5 個月大的寶寶情緒變得很豐富，而且能夠自由的表達自己的情緒，不必特別哄他，只要看到媽咪的臉，寶寶就會開心的笑起來。

育兒生活大補帖
Baby Tips

出生 5 ～ 6 個月寶寶的特徵

免疫力下降、嘗試爬行、手喜歡抓東西、愛流口水……是這個時期寶寶生長發育、行為上最主要的特徵。

免疫力下降

寶寶出生時從媽咪身體得來的抗體，到這個時候差不多用盡，因此，寶寶開始會有小感冒、小毛病，也就是免疫力減退了。家人最好要多注意居家環境的清潔，以及幫寶寶保暖，避免生病。

出現便秘或腹瀉

寶寶開始可以吃母奶和配方奶以外的食品，但因還沒有習慣副食品，許多寶寶都會出現便秘或腹瀉的情形。試著觀察幾天，如果寶寶沒有不想吃、心情不錯、沒有發燒嘔吐等，可以持續食用。

嘗試翻身或爬行

寶寶的發展因個體差異不同，但這時有許多寶寶已經會翻身，邁向爬行之路囉！由於肌肉生長良好，能夠自行移動，會開始想爬行，這時爸比、媽咪更需多加留心。

開始抓東西

因為手部的肌肉慢慢發育，已經會開始想要抓東西了。即使仍不十分靈活，但喜歡抓東西，而且抓到了會握緊緊不放。

愛流口水

寶寶在食用副食品後為什麼很愛流口水？這是因為寶寶還不會吞嚥口水，所以直接流出來。媽咪要適時幫寶寶擦乾淨，以免容易長疹子。

5個月 第2週 *Day 1*

月　日　星期　天氣

時間	睡覺	喝奶	便便	換尿片	其他
1 :					
2 :					
3 :					
4 :					
5 :					
6 :					
7 :					
8 :					
9 :					
10 :					
11 :					
12 :					
1 :					
2 :					
3 :					
4 :					
5 :					
6 :					
7 :					
8 :					
9 :					
10 :					
11 :					
12 :					

Mama's memo

換尿片 □□□ 次　Total
喝奶（母乳或配方奶）
□□□ 次　□□□ c.c.
便便 □□□ 次

ℹ mama&baby 小常識

這時期的寶寶已經不需要媽咪去逗，自己就可以玩得很開心。在寶寶自己玩的時候，媽咪、爸比不要刻意去參與，因為這時候的寶寶已經可以意識到周遭的狀況，本來自己玩得好好的，媽咪、爸比突然加進來，寶寶反而會哭鬧。

Day 2

月　日　星期　天氣

時間	睡覺	喝奶	便便	換尿片	其他
1 :					
2 :					
3 :					
4 :					
5 :					
6 :					
7 :					
8 :					
9 :					
10 :					
11 :					
12 :					
1 :					
2 :					
3 :					
4 :					
5 :					
6 :					
7 :					
8 :					
9 :					
10 :					
11 :					
12 :					

Mama's memo

換尿片 □□□ 次　Total
喝奶（母乳或配方奶）
□□□ 次　□□□ c.c.
便便 □□□ 次

Baby 的一天

Day 3

時間	睡覺	喝奶	便便	換尿片	其他
1 :					
2 :					
3 :					
4 :					
5 :					
6 :					
7 :					
8 :					
9 :					
10 :					
11 :					
12 :					
1 :					
2 :					
3 :					
4 :					
5 :					
6 :					
7 :					
8 :					
9 :					
10 :					
11 :					
12 :					

Mama's memo

換尿片 ____ 次 **Total**
喝奶（母乳或配方奶）
____ 次 ____ c.c.
便便 ____ 次

Day 4

時間	睡覺	喝奶	便便	換尿片	其他
1 :					
2 :					
3 :					
4 :					
5 :					
6 :					
7 :					
8 :					
9 :					
10 :					
11 :					
12 :					
1 :					
2 :					
3 :					
4 :					
5 :					
6 :					
7 :					
8 :					
9 :					
10 :					
11 :					
12 :					

Mama's memo

換尿片 ____ 次 **Total**
喝奶（母乳或配方奶）
____ 次 ____ c.c.
便便 ____ 次

ℹ️ mama&baby 小常識

養成寶寶白天只睡 2 次覺的習慣，這樣晚上才能夠睡飽飽。
睡前不要讓寶寶玩得太興奮，不然晚上會睡不著，隔天早
上也會沒精神。睡前洗個澡可幫助睡得更香甜。

Baby 的一天

5個月 第2週 *Day 5*

月　日　星期　天氣

時間	睡覺	喝奶	便便	換尿片	其他
1 :					
2 :					
3 :					
4 :					
5 :					
6 :					
7 :					
8 :					
9 :					
10 :					
11 :					
12 :					
1 :					
2 :					
3 :					
4 :					
5 :					
6 :					
7 :					
8 :					
9 :					
10 :					
11 :					
12 :					

Mama's memo

換尿片 ___ 次　Total
喝奶（母乳或配方奶）
___ 次 ___ c.c.
便便 ___ 次

ⓘ mama&baby 小常識

開始吃副食品的時候，便便的次數會增加，也會出現便秘或是拉肚子的現象，這是因為胃腸還沒習慣母乳或配方奶以外食物的關係。當然，因為個體體質的不同，也會有便便依然很順的寶寶。

Day 6

月　日　星期　天氣

時間	睡覺	喝奶	便便	換尿片	其他
1 :					
2 :					
3 :					
4 :					
5 :					
6 :					
7 :					
8 :					
9 :					
10 :					
11 :					
12 :					
1 :					
2 :					
3 :					
4 :					
5 :					
6 :					
7 :					
8 :					
9 :					
10 :					
11 :					
12 :					

Mama's memo

換尿片 ___ 次　Total
喝奶（母乳或配方奶）
___ 次 ___ c.c.
便便 ___ 次

Baby 的一天

Day 7

時間	睡覺	喝奶	便便	換尿片	其他
1：					
2：					
3：					
4：					
5：					
6：					
7：					
8：					
9：					
10：					
11：					
12：					
1：					
2：					
3：					
4：					
5：					
6：					
7：					
8：					
9：					
10：					
11：					
12：					

Mama's memo

換尿片 ▢ 次　Total
喝奶（母乳或配方奶）
▢ 次　　c.c.
便便 ▢ 次

ⓘ mama&baby 小常識

這時候的寶寶好奇心更加旺盛，會開始用手掌抓取東西，媽咪要留意寶寶身旁有沒有危險物品，每天對周圍環境徹底檢查，居家安全是很重要的！

育兒生活大補帖
Baby Tips

給寶寶嘗嘗這些副食品！

4～5 個月剛食用副食品的寶寶，建議先從米麥糊開始。煮好的五穀米和青江菜可以不要吃，只取湯汁使用即可。

五穀米湯米麥糊

材料：
五穀米 1/2 杯、清水 5 杯（量米杯）、米粉或麥粉 2 匙

做法：
1. 將五穀米洗淨放入鍋中，加入清水。
2. 先以中火煮至沸騰後轉小火，再繼續煮 10 ～ 15 分鐘，關火。
3. 待湯汁微溫後，只取 60c.c. 的五穀米湯和 2 匙（附在米粉或麥粉罐中的專用匙）米粉或麥粉，調勻成米糊或麥糊即成。

青江菜湯米麥糊

材料：
青江菜 1 束、米粉或麥粉 2 匙

做法：
1. 青江菜洗淨，整把放入小湯鍋中，加入足量蓋過青江菜的清水。
2. 煮至沸騰後轉小火，再繼續煮 3 分鐘，關火。
3. 待湯汁稍微降溫，只取 60c.c. 的菜湯和 2 匙（附在米粉或麥粉罐中的專用匙）米粉或麥粉，調勻成米糊或麥糊即成。

5個月 第3週

Day 1

月　日　星期　天氣

時間	睡覺	喝奶	便便	換尿片	其他
1 :					
2 :					
3 :					
4 :					
5 :					
6 :					
7 :					
8 :					
9 :					
10 :					
11 :					
12 :					
1 :					
2 :					
3 :					
4 :					
5 :					
6 :					
7 :					
8 :					
9 :					
10 :					
11 :					
12 :					

Mama's memo

換尿片　　　次　Total
喝奶（母乳或配方奶）
　　　次　　　c.c.
便便　　　次

Day 2

月　日　星期　天氣

時間	睡覺	喝奶	便便	換尿片	其他
1 :					
2 :					
3 :					
4 :					
5 :					
6 :					
7 :					
8 :					
9 :					
10 :					
11 :					
12 :					
1 :					
2 :					
3 :					
4 :					
5 :					
6 :					
7 :					
8 :					
9 :					
10 :					
11 :					
12 :					

Mama's memo

換尿片　　　次　Total
喝奶（母乳或配方奶）
　　　次　　　c.c.
便便　　　次

ⓘ mama&baby 小常識

寶寶對聲音特別敏感，所以可以多讓他玩會發出聲音的玩具，也可以多放音樂給寶寶聽。不過，可能會有媽咪喜歡但寶寶不愛的狀況，所以播放音樂時，要觀察一下寶寶的反應。放寶寶喜歡的音樂，對他的情緒發育很有幫助喔！

Baby 的一天

月　日　星期　天氣

時間	睡覺	喝奶	便便	換尿片	其他
1 :					
2 :					
3 :					
4 :					
5 :					
6 :					
7 :					
8 :					
9 :					
10 :					
11 :					
12 :					
1 :					
2 :					
3 :					
4 :					
5 :					
6 :					
7 :					
8 :					
9 :					
10 :					
11 :					
12 :					

Mama's memo

換尿片 　　次　Total
喝奶（母乳或配方奶）
　　次　　　c.c.
便便　　次

ℹ️ mama&baby 小常識

寶寶漸漸會發出聲音引起大人注意，這時對寶寶做出反應，
或是跟他說話，對寶寶的語言和情緒發展都很有幫助。

月　日　星期　天氣

時間	睡覺	喝奶	便便	換尿片	其他
1 :					
2 :					
3 :					
4 :					
5 :					
6 :					
7 :					
8 :					
9 :					
10 :					
11 :					
12 :					
1 :					
2 :					
3 :					
4 :					
5 :					
6 :					
7 :					
8 :					
9 :					
10 :					
11 :					
12 :					

Mama's memo

換尿片 　　次　Total
喝奶（母乳或配方奶）
　　次　　　c.c.
便便　　次

Baby
的一天

一年的育兒日記
My Baby's 365 Diary

0
1
2
3
4
5 個月
6
7
8
9
10
11

5個月 第3週　*Day 5*

月　日　星期　天氣

時間	睡覺	喝奶	便便	換尿片	其他
1：					
2：					
3：					
4：					
5：					
6：					
7：					
8：					
9：					
10：					
11：					
12：					
1：					
2：					
3：					
4：					
5：					
6：					
7：					
8：					
9：					
10：					
11：					
12：					

Mama's memo

換尿片 ___ 次　**Total**
喝奶（母乳或配方奶）
___ 次 ___ c.c.
便便 ___ 次

Day 6

月　日　星期　天氣

時間	睡覺	喝奶	便便	換尿片	其他
1：					
2：					
3：					
4：					
5：					
6：					
7：					
8：					
9：					
10：					
11：					
12：					
1：					
2：					
3：					
4：					
5：					
6：					
7：					
8：					
9：					
10：					
11：					
12：					

Mama's memo

換尿片 ___ 次　**Total**
喝奶（母乳或配方奶）
___ 次 ___ c.c.
便便 ___ 次

ℹ️ mama&baby 小常識

6 個月之前的寶寶最好不要吃菠菜或胡蘿蔔，因為菠菜和胡蘿蔔含有氮的化學成分，而這種氮化合物會引起嬰兒貧血。另外，水果也含有引起過敏的成分，所以在胃腸機能還沒有成熟前，吃水果可能會引起拉肚子或消化不良。

Baby 的一天

Day 7

時間	睡覺	喝奶	便便	換尿片	其他
1:					
2:					
3:					
4:					
5:					
6:					
7:					
8:					
9:					
10:					
11:					
12:					
1:					
2:					
3:					
4:					
5:					
6:					
7:					
8:					
9:					
10:					
11:					
12:					

月　日　星期　天氣

Mama's memo

換尿片 ___ 次　Total
喝奶（母乳或配方奶）
___ 次　___ c.c.
便便 ___ 次

ⓘ mama&baby 小常識

如果媽咪不在寶寶的視線範圍內，會四處張望找媽咪，或是哭起來。這個時期媽咪要積極的陪寶寶玩，或者和寶寶說話，可讓寶寶情緒的發展更快速、活潑。

育兒生活大補帖
Baby Tips

給寶寶嘗嘗這些副食品！
給寶寶喝的豆漿、米漿，不適合加入糖來調味，所以建議媽咪自己做！一次可以做 1,000c.c. 以上的量，大人、寶寶都可以喝。

無糖豆漿
材料：
黃豆或黑豆 100～120 克、清水 1,500c.c.
做法：
1. 將豆子洗淨，放入適量的清水中浸泡，直到豆子膨脹。
2. 撈出泡膨脹的豆子，瀝乾水分，放入果汁機中，倒入 1,500c.c. 清水攪打均勻。
3. 準備豆漿濾渣袋，分次將攪打好的生豆漿放入袋中，用力擠出純淨的豆漿。
4. 將純淨的豆漿倒入大鍋中，以中火煮至沸騰，邊煮邊攪拌，以免鍋底焦黑，約可完成 1,300c.c. 的豆漿或黑豆漿。

無糖米漿
材料：
白米或五穀米 75 克、花生 90～100 克、清水 1,500c.c.
做法：
1. 將米洗淨，放入適量的清水中浸泡約 1 小時。
2. 撈出米，瀝乾水分，放入果汁機中，倒入花生和 1,500c.c. 清水攪打均勻。
3. 將生米漿倒入大鍋中，以中火煮至沸騰，邊煮邊攪拌，以免鍋底焦黑，約可完成 1,675c.c. 的米漿或五穀米漿。

5個月 第4週　*Day 1*

時間	睡覺	喝奶	便便	換尿片	其他
1 :					
2 :					
3 :					
4 :					
5 :					
6 :					
7 :					
8 :					
9 :					
10 :					
11 :					
12 :					
1 :					
2 :					
3 :					
4 :					
5 :					
6 :					
7 :					
8 :					
9 :					
10 :					
11 :					
12 :					

月　日　星期　天氣

Mama's memo

換尿片 ____ 次　**Total**
喝奶（母乳或配方奶）
____ 次　____ c.c.
便便 ____ 次

ℹ️ mama&baby 小常識

5個月大的寶寶會喜歡尖叫，或是喜歡噴口水，這對寶寶來說，是發現自己身體的一種樂趣，倒不需硬性禁止。之前寶寶對自己的身體其實沒有概念，接著會慢慢發現自己身體各部位可以做的事，家人要多點耐心和包容力。

Day 2

時間	睡覺	喝奶	便便	換尿片	其他
1 :					
2 :					
3 :					
4 :					
5 :					
6 :					
7 :					
8 :					
9 :					
10 :					
11 :					
12 :					
1 :					
2 :					
3 :					
4 :					
5 :					
6 :					
7 :					
8 :					
9 :					
10 :					
11 :					
12 :					

月　日　星期　天氣

Mama's memo

換尿片 ____ 次　**Total**
喝奶（母乳或配方奶）
____ 次　____ c.c.
便便 ____ 次

Baby 的一天

Day 3

月　日　星期　天氣

時間	睡覺	喝奶	便便	換尿片	其他
1：					
2：					
3：					
4：					
5：					
6：					
7：					
8：					
9：					
10：					
11：					
12：					
1：					
2：					
3：					
4：					
5：					
6：					
7：					
8：					
9：					
10：					
11：					
12：					

Mama's memo

換尿片 ___ 次　Total
喝奶（母乳或配方奶）
___ 次 ___ c.c.
便便 ___ 次

ℹ mama&baby 小常識

這時期的寶寶，已經可以開始讓他練習拿杯子囉！先買奶嘴型的杯子給寶寶用，等他可以拿得比較穩之後，再讓寶寶慢慢習慣用鴨嘴杯。

Day 4

月　日　星期　天氣

時間	睡覺	喝奶	便便	換尿片	其他
1：					
2：					
3：					
4：					
5：					
6：					
7：					
8：					
9：					
10：					
11：					
12：					
1：					
2：					
3：					
4：					
5：					
6：					
7：					
8：					
9：					
10：					
11：					
12：					

Mama's memo

換尿片 ___ 次　Total
喝奶（母乳或配方奶）
___ 次 ___ c.c.
便便 ___ 次

Baby 的一天

0
1
2
3
4
5 個月
6
7
8
9
10
11

5個月 第4週 *Day 5*

月　日　星期　天氣

時間	睡覺	喝奶	便便	換尿片	其他
1:					
2:					
3:					
4:					
5:					
6:					
7:					
8:					
9:					
10:					
11:					
12:					
1:					
2:					
3:					
4:					
5:					
6:					
7:					
8:					
9:					
10:					
11:					
12:					

Mama's memo

換尿片　　　次 Total
喝奶（母乳或配方奶）
　　　次　　　c.c.
便便　　　次

ℹ mama&baby 小常識

出生 5 個月後，寶寶的免疫力下降，所以要特別留意家裡的整潔舒適，保持居住空間的通風、清潔。外出時，記得給寶寶多穿幾件衣服，如果寶寶會熱，再一件一件脫掉。而且，回家後要記得馬上把手和腳都洗乾淨。

Day 6

月　日　星期　天氣

時間	睡覺	喝奶	便便	換尿片	其他
1:					
2:					
3:					
4:					
5:					
6:					
7:					
8:					
9:					
10:					
11:					
12:					
1:					
2:					
3:					
4:					
5:					
6:					
7:					
8:					
9:					
10:					
11:					
12:					

Mama's memo

換尿片　　　次 Total
喝奶（母乳或配方奶）
　　　次　　　c.c.
便便　　　次

Baby 的一天

Day 7

時間	睡覺	喝奶	便便	換尿片	其他
1：					
2：					
3：					
4：					
5：					
6：					
7：					
8：					
9：					
10：					
11：					
12：					
1：					
2：					
3：					
4：					
5：					
6：					
7：					
8：					
9：					
10：					
11：					
12：					

月　日　星期　天氣

Mama's memo

換尿片 ____ 次　Total
喝奶（母乳或配方奶）
____ 次 ____ c.c.
便便 ____ 次

ⓘ **mama&baby 小常識**

寶寶已經可以自由的移動身體了，不過正因為這樣，爸比、媽咪更不可大意，千萬不可以讓寶寶離開自己的視線，謹記安全第一。

育兒生活大補帖
Baby Tips

製作副食品的便利工具！
準備以下這幾種工具，可幫助媽咪盡快完成副食品，省時又省力。

壓泥器
寶寶吃的副食品中，泥類是易入口、消化的一種。市售的壓泥器有的是一組的，內含壓泥棒和網子。

紗布
簡易式過濾汁液的器具，但記得使用完清洗乾淨後，要放在通風處曬乾再收納。

手提攪拌機
又叫做均質器，功能和果汁機差不多，適用於處理小量食材。因為是手提式的，方便操作。

果汁機
用來打果汁、蔬菜汁。家中的果汁機不含濾網，必須先以網勺或紗布過濾，再給寶寶食用。

網勺
用來過濾蔬果汁的殘渣，或者瀝乾水分。建議準備大孔和小孔各一支，依食材選用。

食材剪刀
必須準備一把專門用來剪斷食材的剪刀，用畢清洗乾淨後再消毒，不可用在其他用途。

秤
因為寶寶食用的份量較少，建議使用秤測量材料比較精準且方便。

量杯
用來測量液體，有刻度的容器，量米杯上有刻度也可以使用。

0
1
2
3
4
5 個月
6
7
8
9
10
11

Day 1

	月　日　星期　天氣

時間	睡覺	喝奶	便便	換尿片	其他	Mama's memo
1：						
2：						
3：						
4：						
5：						
6：						
7：						
8：						
9：						
10：						
11：						
12：						
1：						
2：						
3：						
4：						
5：						
6：						
7：						
8：						
9：						
10：						
11：						
12：						

Baby 的一天

換尿片 ___ 次　Total
喝奶（母乳或配方奶）
___ 次 ___ c.c.
便便 ___ 次

Day 2

	月　日　星期　天氣

時間	睡覺	喝奶	便便	換尿片	其他	Mama's memo
1：						
2：						
3：						
4：						
5：						
6：						
7：						
8：						
9：						
10：						
11：						
12：						
1：						
2：						
3：						
4：						
5：						
6：						
7：						
8：						
9：						
10：						
11：						
12：						

換尿片 ___ 次　Total
喝奶（母乳或配方奶）
___ 次 ___ c.c.
便便 ___ 次

Day 3

	月　日　星期　天氣

時間	睡覺	喝奶	便便	換尿片	其他	Mama's memo
1：						
2：						
3：						
4：						
5：						
6：						
7：						
8：						
9：						
10：						
11：						
12：						
1：						
2：						
3：						
4：						
5：						
6：						
7：						
8：						
9：						
10：						
11：						
12：						

換尿片 ___ 次　Total
喝奶（母乳或配方奶）
___ 次 ___ c.c.
便便 ___ 次

滿 6 個月

Baby 6 Months

寶寶展現出驚人的運動力！
爸比、媽咪希望你跑得快、跳得高，
開心平安的長大。

寶寶諺語

台灣有個習俗，寶寶出生二十四天後，要剃掉胎毛，先用
雞蛋在寶寶臉上滾一滾，再用鴨蛋在寶寶身上滾一滾，一
邊說吉祥話：「鴨卵身，雞卵面，好親成來相襯」。意思
是希望寶寶有長得漂漂亮亮，身體健康、身材好。

6個月 第1週　　Day 1

月　日　星期　天氣

時間	睡覺	喝奶	便便	換尿片	其他
1 :					
2 :					
3 :					
4 :					
5 :					
6 :					
7 :					
8 :					
9 :					
10 :					
11 :					
12 :					
1 :					
2 :					
3 :					
4 :					
5 :					
6 :					
7 :					
8 :					
9 :					
10 :					
11 :					
12 :					

Mama's memo

換尿片 ____ 次　Total
喝奶（母乳或配方奶）
____ 次 ____ c.c.
便便 ____ 次

ⓘ mama&baby 小常識

6個月大的寶寶也很需要觸覺的刺激，所以媽咪要盡量讓寶寶感受到各種觸感，例如坐在木頭椅子上、沙發上，或是在柔軟的床墊、有彈性的塑膠墊上打滾。

Day 2

月　日　星期　天氣

時間	睡覺	喝奶	便便	換尿片	其他
1 :					
2 :					
3 :					
4 :					
5 :					
6 :					
7 :					
8 :					
9 :					
10 :					
11 :					
12 :					
1 :					
2 :					
3 :					
4 :					
5 :					
6 :					
7 :					
8 :					
9 :					
10 :					
11 :					
12 :					

Mama's memo

換尿片 ____ 次　Total
喝奶（母乳或配方奶）
____ 次 ____ c.c.
便便 ____ 次

Baby
的一天

Day 3

月　日　星期　天氣

時 間	睡覺	喝奶	便便	換尿片	其他
1:					
2:					
3:					
4:					
5:					
6:					
7:					
8:					
9:					
10:					
11:					
12:					
1:					
2:					
3:					
4:					
5:					
6:					
7:					
8:					
9:					
10:					
11:					
12:					

Mama's memo

換尿片　　　次　Total
喝奶（母乳或配方奶）
　　　次　　　c.c.
便便　　　次

Day 4

月　日　星期　天氣

時 間	睡覺	喝奶	便便	換尿片	其他
1:					
2:					
3:					
4:					
5:					
6:					
7:					
8:					
9:					
10:					
11:					
12:					
1:					
2:					
3:					
4:					
5:					
6:					
7:					
8:					
9:					
10:					
11:					
12:					

Mama's memo

換尿片　　　次　Total
喝奶（母乳或配方奶）
　　　次　　　c.c.
便便　　　次

ⓘ mama&baby 小常識

這個時期可說是寶寶語言發展的起點，和寶寶說話的時候，可以放慢說話速度，或是強調一些單字，讓他理解媽咪、爸比在說什麼。

0　1　2　3　4　5　6 個月　7　8　9　10　11

Baby 的一天

6個月 第1週　*Day 5*

月　日　星期　天氣

時間	睡覺	喝奶	便便	換尿片	其他
1:					
2:					
3:					
4:					
5:					
6:					
7:					
8:					
9:					
10:					
11:					
12:					
1:					
2:					
3:					
4:					
5:					
6:					
7:					
8:					
9:					
10:					
11:					
12:					

Mama's memo

換尿片 ___ 次　**Total**
喝奶（母乳或配方奶）
___ 次 ___ c.c.
便便 ___ 次

Day 6

月　日　星期　天氣

時間	睡覺	喝奶	便便	換尿片	其他
1:					
2:					
3:					
4:					
5:					
6:					
7:					
8:					
9:					
10:					
11:					
12:					
1:					
2:					
3:					
4:					
5:					
6:					
7:					
8:					
9:					
10:					
11:					
12:					

Mama's memo

換尿片 ___ 次　**Total**
喝奶（母乳或配方奶）
___ 次 ___ c.c.
便便 ___ 次

ℹ **mama&baby 小常識**

在餵寶寶吃東西的時候，哼唱一樣的歌曲，固定重複的方式有助於寶寶學習。相同地，和寶寶說話時，也可以強調特定的代名詞或是單詞，增強他的認知和記憶。

Baby 的一天

0　1　2　3　4　5　**6**　個月　7　8　9　10　11

Day 7

時間	睡覺	喝奶	便便	換尿片	其他
1:					
2:					
3:					
4:					
5:					
6:					
7:					
8:					
9:					
10:					
11:					
12:					
1:					
2:					
3:					
4:					
5:					
6:					
7:					
8:					
9:					
10:					
11:					
12:					

月　日　星期　天氣

Mama's memo

換尿片 ___ 次　Total
喝奶（母乳或配方奶）
___ 次 ___ c.c.
便便 ___ 次

ℹ mama&baby 小常識

這時候可以多利用圖畫書上生動的圖片，來吸引寶寶的注意，可以一邊閱讀一邊解說，告訴他圖片上有些什麼，或是問寶寶圖片上有哪些東西，增進互動。

育兒生活大補帖
Baby Tips

出生 6 ～ 7 個月寶寶的特徵

這個時期有些寶寶開始長牙、能分辨親人、喜歡抓東西，甚至出現喜怒哀樂的表情，健康狀況和心理也有大躍進。

自己坐著

即使沒有物體支撐或者家人的撐扶，寶寶可以自己坐著，隨心所欲轉動了，他可以坐著看家人走動的身影。

開始長牙

有些寶寶開始長牙了，最先長出來的是下面 2 顆牙。有些寶寶長牙時會不舒服，可試著以紗布弄濕後輕輕幫寶寶按摩牙齦，減輕不舒服感。

手眼協調力增加

仍舊是看到東西就喜歡抓著，或是放入嘴中吸吮，但這也表示寶寶「眼到手到」，手眼協調更進步囉！

能分辨家人和外人

已經可以清楚分辨出家人和外人了，所以有些寶寶被外人抱時，缺乏安全感又認生，才會嚎啕大哭，而看見熟悉的家人會很開心。

情緒增加了

除了哭以外，漸漸表現出喜歡、討厭、覺得有趣、厭倦等多種情緒，看到不認識或不喜歡的人，會轉開頭表示抗拒。

0

1

2

3

4

5

6
個月

7

8

9

10

11

6個月 第2週　*Day 1*

月　日　星期　天氣

時間	睡覺	喝奶	便便	換尿片	其他
1：					
2：					
3：					
4：					
5：					
6：					
7：					
8：					
9：					
10：					
11：					
12：					
1：					
2：					
3：					
4：					
5：					
6：					
7：					
8：					
9：					
10：					
11：					
12：					

Mama's memo

換尿片 ___ 次　**Total**
喝奶（母乳或配方奶）
___ 次 ___ c.c.
便便 ___ 次

Day 2

月　日　星期　天氣

時間	睡覺	喝奶	便便	換尿片	其他
1：					
2：					
3：					
4：					
5：					
6：					
7：					
8：					
9：					
10：					
11：					
12：					
1：					
2：					
3：					
4：					
5：					
6：					
7：					
8：					
9：					
10：					
11：					
12：					

Mama's memo

換尿片 ___ 次　**Total**
喝奶（母乳或配方奶）
___ 次 ___ c.c.
便便 ___ 次

ℹ **mama&baby 小常識**

騎學步車會比較快走路嗎？其實騎學步車對走路的發育並沒有太大的幫助，而且太早騎反而會增加脊椎的壓力。如果要騎學步車，最好等到寶寶的腰部比較有力，大概6個月的現在開始剛剛好。

Baby 的一天

月　日　星期　天氣

時間	睡覺	喝奶	便便	換尿片	其他
1：					
2：					
3：					
4：					
5：					
6：					
7：					
8：					
9：					
10：					
11：					
12：					
1：					
2：					
3：					
4：					
5：					
6：					
7：					
8：					
9：					
10：					
11：					
12：					

Mama's memo

換尿片 ___ 次　Total
喝奶（母乳或配方奶）
___ 次 ___ c.c.
便便 ___ 次

ⓘ mama&baby 小常識

學步車可以讓寶寶活動範圍變大、探索的範圍跟對象增加，所以，對精神上的發育有些幫助。不過要注意，這也增加了觸碰到危險物品的機率，甚至可能有「翻車」的危險，所以絕不能讓他離開視線範圍。

月　日　星期　天氣

時間	睡覺	喝奶	便便	換尿片	其他
1：					
2：					
3：					
4：					
5：					
6：					
7：					
8：					
9：					
10：					
11：					
12：					
1：					
2：					
3：					
4：					
5：					
6：					
7：					
8：					
9：					
10：					
11：					
12：					

Mama's memo

換尿片 ___ 次　Total
喝奶（母乳或配方奶）
___ 次 ___ c.c.
便便 ___ 次

Baby
的一天

一年的育兒日記　My Baby's 365 Diary

0
1
2
3
4
5
6 個月
7
8
9
10
11

6個月 第2週　Day 5

時間	睡覺	喝奶	便便	換尿片	其他
1:					
2:					
3:					
4:					
5:					
6:					
7:					
8:					
9:					
10:					
11:					
12:					
1:					
2:					
3:					
4:					
5:					
6:					
7:					
8:					
9:					
10:					
11:					
12:					

Mama's memo

換尿片 ＿＿ 次　Total
喝奶（母乳或配方奶）
＿＿ 次　＿＿ c.c.
便便 ＿＿ 次

ℹ mama&baby 小常識

手部的小肌肉發育了，現在會用手指和整個手掌抓東西，
不過手指頭的活動還不是很靈活，這時期的寶寶抓到東西
就很難放開。

Day 6

時間	睡覺	喝奶	便便	換尿片	其他
1:					
2:					
3:					
4:					
5:					
6:					
7:					
8:					
9:					
10:					
11:					
12:					
1:					
2:					
3:					
4:					
5:					
6:					
7:					
8:					
9:					
10:					
11:					
12:					

Mama's memo

換尿片 ＿＿ 次　Total
喝奶（母乳或配方奶）
＿＿ 次　＿＿ c.c.
便便 ＿＿ 次

Baby 的一天

Day 7

時間	睡覺	喝奶	便便	換尿片	其他
1:					
2:					
3:					
4:					
5:					
6:					
7:					
8:					
9:					
10:					
11:					
12:					
1:					
2:					
3:					
4:					
5:					
6:					
7:					
8:					
9:					
10:					
11:					
12:					

月　日　星期　天氣

Mama's memo

換尿片 ☐ 次　**Total**
喝奶（母乳或配方奶）
☐ 次 ☐ c.c.
便便 ☐ 次

ⓘ mama&baby 小常識

餵 6 個月大的寶寶吃副食品的量可以增加一些，大概可以餵約 30 克。

育兒生活大補帖
Baby Tips

給寶寶嘗嘗這些副食品！
寶寶的副食品是從種類少慢慢增多，這時期還是副食品初期，怕寶寶不能吸收，像米粥、奶粥這種單純的食物比較適合。

米粥
材料：
生米 10 克、清水 100c.c.
做法：
1. 將米洗淨，放入適量的清水中浸泡約 1 小時，讓它發脹。
2. 將米以杵臼搗碎成米粉末。
3. 將米粉末放入鍋中，加入 100c.c. 清水，以大火煮至沸騰，轉小火，繼續煮約 5 分鐘。
4. 將粥中較大的顆粒撈除即成。

奶粥
材料：
生米 10 克、水 70c.c.、母奶或配方奶 50c.c.
做法：
1. 將米洗淨，放入適量的清水中浸泡約 1 小時，讓它發脹。
2. 將米放入鍋中，加入 70c.c. 清水，以大火煮至沸騰。轉小火，繼續煮至再次沸騰，關火。這時如果太稠，可以加入一點母奶或配方奶調合。
3. 粥煮好後，加入剩下的母奶或配方奶，繼續煮沸騰約 1 分鐘即成。

0
1
2
3
4
5
6
個月
7
8
9
10
11

6個月 第3週 *Day 1*

時間	睡覺	喝奶	便便	換尿片	其他
1：					
2：					
3：					
4：					
5：					
6：					
7：					
8：					
9：					
10：					
11：					
12：					
1：					
2：					
3：					
4：					
5：					
6：					
7：					
8：					
9：					
10：					
11：					
12：					

Mama's memo

換尿片 ___ 次 Total

喝奶（母乳或配方奶）

___ 次 ___ c.c.

便便 ___ 次

Day 2

時間	睡覺	喝奶	便便	換尿片	其他
1：					
2：					
3：					
4：					
5：					
6：					
7：					
8：					
9：					
10：					
11：					
12：					
1：					
2：					
3：					
4：					
5：					
6：					
7：					
8：					
9：					
10：					
11：					
12：					

Mama's memo

換尿片 ___ 次 Total

喝奶（母乳或配方奶）

___ 次 ___ c.c.

便便 ___ 次

ℹ mama&baby 小常識

仰睡依然是這個時期寶寶的最佳睡眠姿勢，不過 6 個月大的寶寶開始會翻來滾去，就算在睡夢中也會翻身。出生後 6 個月的寶寶猝死率已經降低很多，但如果在睡覺的時候寶寶翻身變成趴睡，家人還是得留意。

Baby 的一天

Day 3

月　日　星期　天氣

時間	睡覺	喝奶	便便	換尿片	其他
1：					
2：					
3：					
4：					
5：					
6：					
7：					
8：					
9：					
10：					
11：					
12：					
1：					
2：					
3：					
4：					
5：					
6：					
7：					
8：					
9：					
10：					
11：					
12：					

Mama's memo

換尿片　　　次　Total
喝奶（母乳或配方奶）
　　　次　　　c.c.
便便　　　次

ℹ mama&baby 小常識

雖然寶寶還不會說完整的句子，也常常會發出一些意義不明的聲音，但即使如此，也建議爸比、媽咪要表現出專心聆聽的樣子。這樣會讓寶寶覺得自己很重要，培養他的自尊心。

Day 4

月　日　星期　天氣

時間	睡覺	喝奶	便便	換尿片	其他
1：					
2：					
3：					
4：					
5：					
6：					
7：					
8：					
9：					
10：					
11：					
12：					
1：					
2：					
3：					
4：					
5：					
6：					
7：					
8：					
9：					
10：					
11：					
12：					

Mama's memo

換尿片　　　次　Total
喝奶（母乳或配方奶）
　　　次　　　c.c.
便便　　　次

Baby
的一天

0
1
2
3
4
5
6
個月
7
8
9
10
11

月　日　星期　天氣

時間	睡覺	喝奶	便便	換尿片	其他
1 :					
2 :					
3 :					
4 :					
5 :					
6 :					
7 :					
8 :					
9 :					
10 :					
11 :					
12 :					
1 :					
2 :					
3 :					
4 :					
5 :					
6 :					
7 :					
8 :					
9 :					
10 :					
11 :					
12 :					

Mama's memo

換尿片 ___ 次　Total
喝奶（母乳或配方奶）
___ 次 ___ c.c.
便便 ___ 次

Day 6

月　日　星期　天氣

時間	睡覺	喝奶	便便	換尿片	其他
1 :					
2 :					
3 :					
4 :					
5 :					
6 :					
7 :					
8 :					
9 :					
10 :					
11 :					
12 :					
1 :					
2 :					
3 :					
4 :					
5 :					
6 :					
7 :					
8 :					
9 :					
10 :					
11 :					
12 :					

Mama's memo

換尿片 ___ 次　Total
喝奶（母乳或配方奶）
___ 次 ___ c.c.
便便 ___ 次

ⓘ mama&baby 小常識

該是教寶寶自己入睡的時候了！要避免用外在因素催促他入睡，如放音樂、餵奶、給奶嘴等，這會造成寶寶對這些東西的過度依賴。可以改用一些安撫寶寶情緒的方式，如唱搖籃曲、讀一本書、洗澡，建立他的睡前行為模式。

Baby
的一天

Day 7

時間	睡覺	喝奶	便便	換尿片	其他
1:					
2:					
3:					
4:					
5:					
6:					
7:					
8:					
9:					
10:					
11:					
12:					
1:					
2:					
3:					
4:					
5:					
6:					
7:					
8:					
9:					
10:					
11:					
12:					

月　日　星期　天氣

Mama's memo

換尿片 ___ 次　**Total**
喝奶（母乳或配方奶）
___ 次 ___ c.c.
便便 ___ 次

ⓘ mama&baby 小常識

這時候可以準備餵固體食物囉！如果寶寶的胃口越來越好，頭可以抬得很穩、可以把食物移到嘴邊，而且表現出對其他食物有興趣，甚至主動要東西，就可以開始餵固體食物了。

育兒生活大補帖
Baby Tips

給寶寶嘗嘗這些副食品！
雞肉和牛肉都是很容易取得的食材。牛肉含的蛋白質等營養素，有助於寶寶記憶力和注意力的發展；雞肉則富含蛋白質、維生素和礦物質，是優質的肉類。

雞肉泥
材料：
雞肉 100 克、太白粉 1/2 大匙、水 100c.c.
做法：
1. 雞肉洗淨，用湯匙將肉刮成肉泥。
2. 將雞肉、太白粉拌勻，放入 100c.c. 滾水中煮熟，以濾網撈起。
3. 待雞肉稍微變涼，把雞肉放入食物處理機中打成泥狀即成。

牛肉泥
材料：
牛肉 100 克、太白粉 1/2 大匙、水 100c.c.
做法：
1. 牛肉洗淨，用湯匙將肉刮成肉泥。
2. 將牛肉、太白粉拌勻，放入 100c.c. 滾水中煮熟，以濾網撈起。
3. 待牛肉稍微變涼，把牛肉放入食物處理機中打成泥狀即成。

0
1
2
3
4
5
6
個月
7
8
9
10
11

6個月 第4週   *Day 1*

時間	睡覺	喝奶	便便	換尿片	其他
1：					
2：					
3：					
4：					
5：					
6：					
7：					
8：					
9：					
10：					
11：					
12：					
1：					
2：					
3：					
4：					
5：					
6：					
7：					
8：					
9：					
10：					
11：					
12：					

Mama's memo

換尿片　　次　Total
喝奶（母乳或配方奶）
　　次　　c.c.
便便　　次

Day 2

時間	睡覺	喝奶	便便	換尿片	其他
1：					
2：					
3：					
4：					
5：					
6：					
7：					
8：					
9：					
10：					
11：					
12：					
1：					
2：					
3：					
4：					
5：					
6：					
7：					
8：					
9：					
10：					
11：					
12：					

Mama's memo

換尿片　　次　Total
喝奶（母乳或配方奶）
　　次　　c.c.
便便　　次

ℹ mama&baby 小常識

寶寶開始會有很多意見囉，而且想做的事情很多。這時候爸比和媽咪要尊重他的意志，不要太快插手，如果他自己真的沒辦法達到想要的目的（例如拿東西），也不要直接幫他，而是要從旁協助。

Baby
的一天

Day 3

月　日　星期　天氣

時間	睡覺	喝奶	便便	換尿片	其他
1:					
2:					
3:					
4:					
5:					
6:					
7:					
8:					
9:					
10:					
11:					
12:					
1:					
2:					
3:					
4:					
5:					
6:					
7:					
8:					
9:					
10:					
11:					
12:					

Mama's memo

換尿片 ▢ 次　**Total**
喝奶（母乳或配方奶）
▢ 次　▢ c.c.
便便 ▢ 次

Day 4

月　日　星期　天氣

時間	睡覺	喝奶	便便	換尿片	其他
1:					
2:					
3:					
4:					
5:					
6:					
7:					
8:					
9:					
10:					
11:					
12:					
1:					
2:					
3:					
4:					
5:					
6:					
7:					
8:					
9:					
10:					
11:					
12:					

Mama's memo

換尿片 ▢ 次　**Total**
喝奶（母乳或配方奶）
▢ 次　▢ c.c.
便便 ▢ 次

ℹ mama&baby 小常識

爸比、媽咪可以和寶寶玩互相模仿的遊戲，在寶寶發出聲音時，爸比和媽咪可以模仿寶寶的聲音，然後再發出別的聲音讓寶寶模仿，引導他學會別的單音。

0
1
2
3
4
5
6 個月
7
8
9
10
11

Baby 的一天

6個月 第4週 *Day 5*

月　日　星期　天氣

時間	睡覺	喝奶	便便	換尿片	其他
1:					
2:					
3:					
4:					
5:					
6:					
7:					
8:					
9:					
10:					
11:					
12:					
1:					
2:					
3:					
4:					
5:					
6:					
7:					
8:					
9:					
10:					
11:					
12:					

Mama's memo

換尿片 ____ 次　**Total**
喝奶（母乳或配方奶）
____ 次 ____ c.c.
便便 ____ 次

Day 6

月　日　星期　天氣

時間	睡覺	喝奶	便便	換尿片	其他
1:					
2:					
3:					
4:					
5:					
6:					
7:					
8:					
9:					
10:					
11:					
12:					
1:					
2:					
3:					
4:					
5:					
6:					
7:					
8:					
9:					
10:					
11:					
12:					

Mama's memo

換尿片 ____ 次　**Total**
喝奶（母乳或配方奶）
____ 次 ____ c.c.
便便 ____ 次

ℹ️ **mama&baby 小常識**

有些寶寶這時候開始長牙了，最先長的是下面2顆牙齒。
有些人會依此判斷是給寶寶吃副食品的時候，不過因個體
發展的差異，有些寶寶甚至1歲才開始長牙齒，所以這並
不是判定開始吃副食品的最佳方法。

**Baby
的一天**

Day 7

時間	睡覺	喝奶	便便	換尿片	其他
1：					
2：					
3：					
4：					
5：					
6：					
7：					
8：					
9：					
10：					
11：					
12：					
1：					
2：					
3：					
4：					
5：					
6：					
7：					
8：					
9：					
10：					
11：					
12：					

月　　日　星期　　天氣

Mama's memo

換尿片 □ 次　**Total**
喝奶（母乳或配方奶）
□ 次　　c.c.
便便 □ 次

ℹ️ **mama&baby 小常識**

餵寶寶吃副食品時，如果他一下就把整個湯匙的食物含入嘴中吃完，媽咪可以考慮開始一匙一匙增加食用量。此外，也可以慢慢擴大食物的種類。

育兒生活大補帖
Baby Tips

給寶寶嘗嘗這些副食品！
地瓜和南瓜有天然甜味，而且富含纖維質，用來製作成湯品給寶寶食用，既營養又容易吃，是最佳食材。

蔬菜地瓜湯
材料：
包心菜 75 克、蔥白 1 支、地瓜 75 克、水 600c.c.
做法：
1. 包心菜洗淨後切細絲；蔥白切小段；地瓜洗淨後去皮切小丁。
2. 600c.c. 水放入鍋中煮至沸騰，放入所有材料煮至地瓜熟軟，關火。
3. 待煮好的食材稍微變涼，連食材和湯汁一起放入果汁機中，打成濃湯糊即成。

南瓜湯
材料：
南瓜 50 克、水 100c.c.、母奶或配方奶 1 匙
做法：
1. 南瓜洗淨後去皮，去除纖維絲再切碎。
2. 將南瓜碎放入鍋中，加入 100c.c. 水，以大火煮至沸騰，轉小火，繼續煮至再次沸騰。
3. 取出南瓜壓碎，做成南瓜糊。
4. 將南瓜糊放入鍋中，以小火煮約 1 分鐘，加入 1 匙（附在米粉或麥粉罐中的專用匙）母奶或配方奶再煮 1 分鐘即成。

Day 1　　　　　*Day 2*　　　　　*Day 3*

一年的育兒日記

My Baby's 365 Diary

時間	睡覺	喝奶	便便	換尿片	其他

月　日　星期　天氣

Mama's memo

時間	睡覺	喝奶	便便	換尿片	其他
1：					
2：					
3：					
4：					
5：					
6：					
7：					
8：					
9：					
10：					
11：					
12：					
1：					
2：					
3：					
4：					
5：					
6：					
7：					
8：					
9：					
10：					
11：					
12：					

0
1
2
3
4
5
6 個月
7
8
9
10
11

Baby 的一天

換尿片 ___ 次　Total
喝奶（母乳或配方奶）
___ 次 ___ c.c.
便便 ___ 次

換尿片 ___ 次　Total
喝奶（母乳或配方奶）
___ 次 ___ c.c.
便便 ___ 次

換尿片 ___ 次　Total
喝奶（母乳或配方奶）
___ 次 ___ c.c.
便便 ___ 次

滿 7 個月

Baby 7 Months

趁著天高氣爽的好天氣，
帶著寶寶來趟小旅行。
看著他專注在每個路人、小動物、汽車，
是不是覺得一切都很新鮮？

寶寶諺語

「有子萬事足」這句話，出自蘇軾的詩。是指不論是
否飛黃騰達、貧窮富貴，只要有了子女，就是人生最
大的滿足囉！

7個月 第1週　Day 1

月　日　星期　天氣

時間	睡覺	喝奶	便便	換尿片	其他
1:					
2:					
3:					
4:					
5:					
6:					
7:					
8:					
9:					
10:					
11:					
12:					
1:					
2:					
3:					
4:					
5:					
6:					
7:					
8:					
9:					
10:					
11:					
12:					

Mama's memo

換尿片　　次　Total
喝奶（母乳或配方奶）
　　次　　　c.c.
便便　　次

Day 2

月　日　星期　天氣

時間	睡覺	喝奶	便便	換尿片	其他
1:					
2:					
3:					
4:					
5:					
6:					
7:					
8:					
9:					
10:					
11:					
12:					
1:					
2:					
3:					
4:					
5:					
6:					
7:					
8:					
9:					
10:					
11:					
12:					

Mama's memo

換尿片　　次　Total
喝奶（母乳或配方奶）
　　次　　　c.c.
便便　　次

ℹ mama&baby 小常識

寶寶不只會爬，也可以穩穩的坐著了。所以，這個時候可以安心的使用學步車。不過，如果不能坐得很穩，也不用勉強寶寶騎學步車，免得讓腰部產生太多壓力。

Baby 的一天

0
1
2
3
4
5
6
7 個月
8
9
10
11

Day 3

月　　日　星期　　天氣

時間	睡覺	喝奶	便便	換尿片	其他
1：					
2：					
3：					
4：					
5：					
6：					
7：					
8：					
9：					
10：					
11：					
12：					
1：					
2：					
3：					
4：					
5：					
6：					
7：					
8：					
9：					
10：					
11：					
12：					

Mama's memo

換尿片 ___ 次　**Total**
喝奶（母乳或配方奶）
___ 次 ___ c.c.
便便 ___ 次

Day 4

月　　日　星期　　天氣

時間	睡覺	喝奶	便便	換尿片	其他
1：					
2：					
3：					
4：					
5：					
6：					
7：					
8：					
9：					
10：					
11：					
12：					
1：					
2：					
3：					
4：					
5：					
6：					
7：					
8：					
9：					
10：					
11：					
12：					

Mama's memo

換尿片 ___ 次　**Total**
喝奶（母乳或配方奶）
___ 次 ___ c.c.
便便 ___ 次

0　1　2　3　4　5　6　**7** 個月　8　9　10　11

ⓘ mama&baby 小常識

不只會發出咿咿呀呀的無意義聲音，有些寶寶已經開始會說「媽媽」、「爸爸」了。不過，這時候寶寶還不清楚那是什麼意思，只是單純的聲音而已。

Baby 的一天

7個月 第1週 *Day 5*

月 日 星期 天氣
Mama's memo

時間	睡覺	喝奶	便便	換尿片	其他
1:					
2:					
3:					
4:					
5:					
6:					
7:					
8:					
9:					
10:					
11:					
12:					
1:					
2:					
3:					
4:					
5:					
6:					
7:					
8:					
9:					
10:					
11:					
12:					

換尿片 ☐ 次　**Total**
喝奶（母乳或配方奶）
☐ 次　　c.c.
便便 ☐ 次

Day 6

月 日 星期 天氣
Mama's memo

時間	睡覺	喝奶	便便	換尿片	其他
1:					
2:					
3:					
4:					
5:					
6:					
7:					
8:					
9:					
10:					
11:					
12:					
1:					
2:					
3:					
4:					
5:					
6:					
7:					
8:					
9:					
10:					
11:					
12:					

換尿片 ☐ 次　**Total**
喝奶（母乳或配方奶）
☐ 次　　c.c.
便便 ☐ 次

ⓘ mama&baby 小常識

寶寶對媽咪的存在非常警覺，只要媽咪一離開視線範圍，馬上就開始大哭。所以像媽咪要去洗手間，可以先跟寶寶說一下，以免寶寶一時找不到人驚慌失措。

Baby
的一天

Day 7

時間	睡覺	喝奶	便便	換尿片	其他
1:					
2:					
3:					
4:					
5:					
6:					
7:					
8:					
9:					
10:					
11:					
12:					
1:					
2:					
3:					
4:					
5:					
6:					
7:					
8:					
9:					
10:					
11:					
12:					

月　日　星期　天氣

Mama's memo

換尿片 ___ 次　**Total**
喝奶（母乳或配方奶）
___ 次　___ c.c.
便便 ___ 次

ⓘ mama&baby 小常識

這時候的寶寶開始有明顯的自我意識，如果有別人想要拿他的東西，會表現出拒絕的意識行為或大哭，手拿著東西不放。

育兒生活大補帖
Baby Tips

出生 7 ～ 8 個月寶寶的特徵
不論是手部活動、爬行姿勢、坐姿，都更加進步了，寶寶正邁向健康成長之路喔！

手部動作更靈活
寶寶的手指較能靈活運動，會撿東西，也可以自己拿住奶瓶或奶嘴了。而且寶寶很喜歡一撿東西就放入嘴中，所以在寶寶爬行範圍內，盡量不要放藥丸、藥物、瓶蓋等危險物品，以免誤食。

開始爬行
寶寶可以爬得很順利了。不過，正因為他已經會到處爬行移動，爸比、媽咪更需注意環境的安全，以免寶寶受傷。

好奇心超旺盛
這時期的寶寶會因為好奇心的驅使而增加活動力，所以是訓練肌肉生長的好時機。可以給寶寶視覺、聽覺、觸覺多方面的刺激，引起他的好奇，像顏色鮮明、觸感特別，以及一碰就會發出聲響的玩具，誘導他去抓、摸。

0
1
2
3
4
5
6
7 個月
8
9
10
11

一年的育兒日記

My Baby's 365 Diary

0
1
2
3
4
5
6
7
個月
8
9
10
11

時間	睡覺	喝奶	便便	換尿片	其他
1:					
2:					
3:					
4:					
5:					
6:					
7:					
8:					
9:					
10:					
11:					
12:					
1:					
2:					
3:					
4:					
5:					
6:					
7:					
8:					
9:					
10:					
11:					
12:					

月　日　星期　天氣

Mama's memo

換尿片 ⬜ 次　**Total**
喝奶（母乳或配方奶）
⬜ 次 ⬜ c.c.
便便 ⬜ 次

Day 2

時間	睡覺	喝奶	便便	換尿片	其他
1:					
2:					
3:					
4:					
5:					
6:					
7:					
8:					
9:					
10:					
11:					
12:					
1:					
2:					
3:					
4:					
5:					
6:					
7:					
8:					
9:					
10:					
11:					
12:					

月　日　星期　天氣

Mama's memo

換尿片 ⬜ 次　**Total**
喝奶（母乳或配方奶）
⬜ 次 ⬜ c.c.
便便 ⬜ 次

ⓘ mama&baby 小常識

寶寶手指調節的力量還很弱，東西還不太抓得住，很容易就會掉下來。抓、握的動作，需經過訓練才能慢慢熟練，所以要讓寶寶自然、持續的練習。

Baby
的一天

Day 3

月　日　星期　天氣

時間	睡覺	喝奶	便便	換尿片	其他
1:					
2:					
3:					
4:					
5:					
6:					
7:					
8:					
9:					
10:					
11:					
12:					
1:					
2:					
3:					
4:					
5:					
6:					
7:					
8:					
9:					
10:					
11:					
12:					

Mama's memo

換尿片 ___ 次　**Total**
喝奶（母乳或配方奶）
___ 次 ___ c.c.
便便 ___ 次

ℹ️ mama&baby 小常識

7 個月大的寶寶好奇心很旺盛，活動量也增加不少。爸比應該多和寶寶玩，因為爸比的力量比較大，可以玩全身的運動。這對寶寶的心理和生理成長都有很大的幫助。

Day 4

月　日　星期　天氣

時間	睡覺	喝奶	便便	換尿片	其他
1:					
2:					
3:					
4:					
5:					
6:					
7:					
8:					
9:					
10:					
11:					
12:					
1:					
2:					
3:					
4:					
5:					
6:					
7:					
8:					
9:					
10:					
11:					
12:					

Mama's memo

換尿片 ___ 次　**Total**
喝奶（母乳或配方奶）
___ 次 ___ c.c.
便便 ___ 次

Baby 的一天

0
1
2
3
4
5
6
7 個月
8
9
10
11

一年的育兒日記 My Baby's 365 Diary

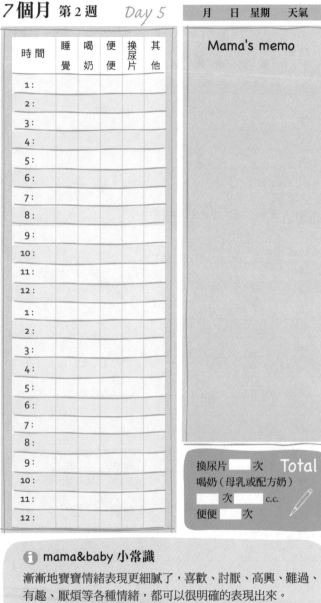

時間	睡覺	喝奶	便便	換尿片	其他
1:					
2:					
3:					
4:					
5:					
6:					
7:					
8:					
9:					
10:					
11:					
12:					
1:					
2:					
3:					
4:					
5:					
6:					
7:					
8:					
9:					
10:					
11:					
12:					

Mama's memo

換尿片 ⬜ 次　**Total**
喝奶（母乳或配方奶）
⬜ 次　⬜ c.c.
便便 ⬜ 次

Day 6

月　日　星期　天氣

時間	睡覺	喝奶	便便	換尿片	其他
1:					
2:					
3:					
4:					
5:					
6:					
7:					
8:					
9:					
10:					
11:					
12:					
1:					
2:					
3:					
4:					
5:					
6:					
7:					
8:					
9:					
10:					
11:					
12:					

Mama's memo

換尿片 ⬜ 次　**Total**
喝奶（母乳或配方奶）
⬜ 次　⬜ c.c.
便便 ⬜ 次

0 1 2 3 4 5 6 **7** 個月 8 9 10 11

ⓘ **mama&baby 小常識**
漸漸地寶寶情緒表現更細膩了，喜歡、討厭、高興、難過、有趣、厭煩等各種情緒，都可以很明確的表現出來。

Baby
的一天

Day 7

| 月 | 日 | 星期 | 天氣 |

時間	睡覺	喝奶	便便	換尿片	其他
1:					
2:					
3:					
4:					
5:					
6:					
7:					
8:					
9:					
10:					
11:					
12:					
1:					
2:					
3:					
4:					
5:					
6:					
7:					
8:					
9:					
10:					
11:					
12:					

Mama's memo

換尿片 ___ 次　Total
喝奶（母乳或配方奶）
___ 次 ___ c.c.
便便 ___ 次

ⓘ mama&baby 小常識

寶寶出生時身上所具備的鐵質漸漸減少中，如果缺鐵，寶寶的 IQ 會比較低，所以這時候的副食品，要選擇鐵質豐富的食物。可以餵寶寶吃加了牛肉塊或雞肉塊的肉湯，雞肉比牛肉好消化。

育兒生活大補帖
Baby Tips

給寶寶嘗嘗這些副食品！
以純食材、不添加調味料製成的鮮高湯，營養豐富，是製作副食品的好材料。將高湯搭配製作其他菜湯，既方便更添加養分，寶寶好吸收。

豬雞骨高湯

材料：

豬肋骨 300 克、雞骨 300 克、水 2,000c.c.

做法：

1. 豬骨、雞骨洗淨，放入足量的滾水中燙除血水，約 5 分鐘後撈起。
2. 用清水再次洗淨以去除血塊。
3. 將 2,000c.c. 水倒入鍋中，加入豬肋骨和雞骨，先以大火煮至沸騰，轉小火煮，讓湯汁保持微微的沸騰狀態。
4. 半掩鍋蓋續煮 2 ～ 3 小時，直到湯汁變琥珀色，關火，約可完成 700 ～ 800c.c. 的份量。
5. 待高湯降溫，以濾網過濾出湯汁，放入冰箱冷藏 1 天保存。取出以湯匙刮除湯汁表面凝固的浮油層，再分裝於保鮮袋中，放入冰箱冷凍保存。

海帶黃豆排骨湯

材料：

豬肋排 100 克、黃豆 50 克、海帶結 75 克、清水 1,000c.c.

做法：

1. 將所有材料洗淨後放入鍋中，倒入清水。
2. 以大火煮沸，再轉小火半掩鍋蓋續煮約 1 小時，關火。
3. 取出煮好的湯汁即可。
4. 濾除豬骨、黃豆和雜質，待湯汁降至室溫後放入冰箱冷藏 1 天。

0
1
2
3
4
5
6
7
個月
8
9
10
11

7個月 第3週 *Day 1*

月　日　星期　天氣

時間	睡覺	喝奶	便便	換尿片	其他
1:					
2:					
3:					
4:					
5:					
6:					
7:					
8:					
9:					
10:					
11:					
12:					
1:					
2:					
3:					
4:					
5:					
6:					
7:					
8:					
9:					
10:					
11:					
12:					

Mama's memo

換尿片 ___ 次　**Total**
喝奶（母乳或配方奶）
___ 次 ___ c.c.
便便 ___ 次

Day 2

月　日　星期　天氣

時間	睡覺	喝奶	便便	換尿片	其他
1:					
2:					
3:					
4:					
5:					
6:					
7:					
8:					
9:					
10:					
11:					
12:					
1:					
2:					
3:					
4:					
5:					
6:					
7:					
8:					
9:					
10:					
11:					
12:					

Mama's memo

換尿片 ___ 次　**Total**
喝奶（母乳或配方奶）
___ 次 ___ c.c.
便便 ___ 次

（i）**mama&baby 小常識**

開始長牙齒的寶寶牙齦會癢，所以什麼東西都會塞到嘴裡咬或吸，這時可用沾濕的脫水紗布按摩牙齦，可以有效減少不舒服的感覺。

Baby
的一天

Day 3

| 月 | 日 | 星期 | 天氣 |

時 間	睡覺	喝奶	便便	換尿片	其他
1：					
2：					
3：					
4：					
5：					
6：					
7：					
8：					
9：					
10：					
11：					
12：					
1：					
2：					
3：					
4：					
5：					
6：					
7：					
8：					
9：					
10：					
11：					
12：					

Mama's memo

換尿片 ___ 次　**Total**
喝奶（母乳或配方奶）
___ 次 ___ c.c.
便便 ___ 次

Day 4

| 月 | 日 | 星期 | 天氣 |

時 間	睡覺	喝奶	便便	換尿片	其他
1：					
2：					
3：					
4：					
5：					
6：					
7：					
8：					
9：					
10：					
11：					
12：					
1：					
2：					
3：					
4：					
5：					
6：					
7：					
8：					
9：					
10：					
11：					
12：					

Mama's memo

換尿片 ___ 次　**Total**
喝奶（母乳或配方奶）
___ 次 ___ c.c.
便便 ___ 次

ⓘ mama&baby 小常識

可以和寶寶玩躲貓貓，讓他學著判斷聲音的來源和空間的正確距離，並且讓他學著了解就算沒有看到媽咪、爸比，媽咪和爸比還是沒有離開，這樣寶寶才有安全感。

Baby 的一天

0
1
2
3
4
5
6
7 個月
8
9
10
11

7個月 第3週 Day 5

月　日　星期　天氣

時間	睡覺	喝奶	便便	換尿片	其他
1:					
2:					
3:					
4:					
5:					
6:					
7:					
8:					
9:					
10:					
11:					
12:					
1:					
2:					
3:					
4:					
5:					
6:					
7:					
8:					
9:					
10:					
11:					
12:					

Mama's memo

換尿片 ____ 次　Total
喝奶（母乳或配方奶）
____ 次 ____ c.c.
便便 ____ 次

Day 6

月　日　星期　天氣

時間	睡覺	喝奶	便便	換尿片	其他
1:					
2:					
3:					
4:					
5:					
6:					
7:					
8:					
9:					
10:					
11:					
12:					
1:					
2:					
3:					
4:					
5:					
6:					
7:					
8:					
9:					
10:					
11:					
12:					

Mama's memo

換尿片 ____ 次　Total
喝奶（母乳或配方奶）
____ 次 ____ c.c.
便便 ____ 次

0 1 2 3 4 5 6 **7** 個月 8 9 10 11

ℹ mama&baby 小常識

這時候寶寶吃的副食品品項比較多，所以要特別注意有沒有食物過敏的情形，盡可能在寶寶吃東西的時候，同時觀察他的反應並做記錄。

Baby 的一天

Day 7

時間	睡覺	喝奶	便便	換尿片	其他
1:					
2:					
3:					
4:					
5:					
6:					
7:					
8:					
9:					
10:					
11:					
12:					
1:					
2:					
3:					
4:					
5:					
6:					
7:					
8:					
9:					
10:					
11:					
12:					

月　日　星期　天氣

Mama's memo

換尿片 ___ 次　**Total**
喝奶（母乳或配方奶）
___ 次 ___ c.c.
便便 ___ 次

ℹ mama&baby 小常識

可以試著讓寶寶玩玩單純反覆動作的遊戲，例如：敲打樂器、玩「敲敲按按」就會發出聲響的玩具，讓他透過這些反覆敲打、搖晃等動作，產生記憶力。

育兒生活大補帖
Baby Tips

給寶寶嘗嘗這些副食品！
讓出生 6 個月後的寶寶喝些健康的飲品吧！雖然很多寶寶已經會自己拿奶瓶自己喝，但媽咪仍要注意寶寶會不會喝太快而嗆到喔！

胡蘿蔔牛奶
材料：
胡蘿蔔 40 克、配方奶 100c.c.
做法：
1. 胡蘿蔔洗淨，放入滾水中煮熟，撈起切成塊狀。
2. 將配方奶倒入果汁機中，加入胡蘿蔔塊攪打均勻即成。

蓮藕汁
材料：
新鮮蓮藕 1 節、水 1,000c.c.
做法：
1. 蓮藕洗淨去皮，切片放入鍋中，倒入 1,000c.c. 水。
2. 蓋上鍋蓋，先以大火煮沸騰，再轉中小火續煮約 30 分鐘，煮至湯汁濃縮至 500c.c. 就關火。降溫後即可給寶寶飲用。

0
1
2
3
4
5
6
7
個月
8
9
10
11

7個月 第4週 *Day 1*

月　日　星期　天氣

時間	睡覺	喝奶	便便	換尿片	其他
1:					
2:					
3:					
4:					
5:					
6:					
7:					
8:					
9:					
10:					
11:					
12:					
1:					
2:					
3:					
4:					
5:					
6:					
7:					
8:					
9:					
10:					
11:					
12:					

Mama's memo

換尿片 ☐ 次　**Total**
喝奶（母乳或配方奶）
☐ 次 ☐ c.c.
便便 ☐ 次

ℹ mama&baby 小常識

在固定的時間餵寶寶吃副食品，白天玩遊戲或出外散步，晚上上床睡覺，讓寶寶習慣規律的生活。

Day 2

月　日　星期　天氣

時間	睡覺	喝奶	便便	換尿片	其他
1:					
2:					
3:					
4:					
5:					
6:					
7:					
8:					
9:					
10:					
11:					
12:					
1:					
2:					
3:					
4:					
5:					
6:					
7:					
8:					
9:					
10:					
11:					
12:					

Mama's memo

換尿片 ☐ 次　**Total**
喝奶（母乳或配方奶）
☐ 次 ☐ c.c.
便便 ☐ 次

Baby 的一天

Day 3

月　日　星期　天氣

時　間	睡覺	喝奶	便便	換尿片	其他
1：					
2：					
3：					
4：					
5：					
6：					
7：					
8：					
9：					
10：					
11：					
12：					
1：					
2：					
3：					
4：					
5：					
6：					
7：					
8：					
9：					
10：					
11：					
12：					

Mama's memo

換尿片 ☐ 次　Total
喝奶（母乳或配方奶）
☐ 次　☐ c.c.
便便 ☐ 次

Day 4

月　日　星期　天氣

時　間	睡覺	喝奶	便便	換尿片	其他
1：					
2：					
3：					
4：					
5：					
6：					
7：					
8：					
9：					
10：					
11：					
12：					
1：					
2：					
3：					
4：					
5：					
6：					
7：					
8：					
9：					
10：					
11：					
12：					

Mama's memo

換尿片 ☐ 次　Total
喝奶（母乳或配方奶）
☐ 次　☐ c.c.
便便 ☐ 次

ℹ **mama&baby 小常識**

因為背部不需靠著東西或手扶就可以坐，寶寶已經可以坐
著玩玩具、喝水、聽家人說話，一邊跟隨著媽咪的行動移
動視線了。

Baby
的一天

0
1
2
3
4
5
6
7 個月
8
9
10
11

7個月 第4週　*Day 5*

月　日　星期　天氣

時間	睡覺	喝奶	便便	換尿片	其他
1：					
2：					
3：					
4：					
5：					
6：					
7：					
8：					
9：					
10：					
11：					
12：					
1：					
2：					
3：					
4：					
5：					
6：					
7：					
8：					
9：					
10：					
11：					
12：					

Mama's memo

換尿片 ☐ 次　**Total**
喝奶（母乳或配方奶）
☐ 次　☐ c.c.
便便 ☐ 次

ⓘ mama&baby 小常識
當家人在看電視時，寶寶的眼睛會跟隨著電視畫面移動，也會因電視節目發出的聲音而有所反應，這表示寶寶好奇心旺盛，容易受到各種影像和聲音的吸引。

Day 6

月　日　星期　天氣

時間	睡覺	喝奶	便便	換尿片	其他
1：					
2：					
3：					
4：					
5：					
6：					
7：					
8：					
9：					
10：					
11：					
12：					
1：					
2：					
3：					
4：					
5：					
6：					
7：					
8：					
9：					
10：					
11：					
12：					

Mama's memo

換尿片 ☐ 次　**Total**
喝奶（母乳或配方奶）
☐ 次　☐ c.c.
便便 ☐ 次

Baby 的一天

Day 7

| 月 | 日 | 星期 | 天氣 |

Mama's memo

時間	睡覺	喝奶	便便	換尿片	其他
1：					
2：					
3：					
4：					
5：					
6：					
7：					
8：					
9：					
10：					
11：					
12：					
1：					
2：					
3：					
4：					
5：					
6：					
7：					
8：					
9：					
10：					
11：					
12：					

換尿片 ____ 次 **Total**
喝奶（母乳或配方奶）
____ 次 ____ c.c.
便便 ____ 次

ⓘ mama&baby 小常識

當寶寶白天起床，媽咪可以替他穿上一般家居服，讓他玩遊戲或吃飯；晚上睡覺前，再替他換上睡衣，替他建立良好的生活習慣和作息。

育兒生活大補帖
Baby Tips

給寶寶嘗嘗這些副食品！
寶寶的牙齒還沒長好，將食材先汆燙煮軟再烹調、壓碎，有助於寶寶食用。以下的豆腐湯和米粥，營養價值高且易消化吸收，爸比、媽咪可試試！

豆芽豆腐湯

材料：
豆芽 20 克、豆腐 20 克、小黃瓜 10 克、胡蘿蔔 10 克、高湯 150c.c.

做法：
1. 將豆芽去除頭尾，切碎，放入滾水中汆燙。
2. 豆腐在滾水中汆燙，撈起瀝乾後輕輕壓碎。
3. 胡蘿蔔、小黃瓜用流動的水沖洗乾淨，切小丁。
4. 將豆芽、胡蘿蔔、小黃瓜和適量的高湯放入鍋中，以大火煮沸騰，轉小火，放入壓碎的豆腐再煮滾。

馬鈴薯米粥

材料：
生米 10 克、馬鈴薯 10 克、水 100c.c.

做法：
1. 將米洗淨放入鍋中，放入適量的清水中浸泡約 1 小時，撈出瀝乾。
2. 馬鈴薯不必削掉皮，用流動的水洗乾淨，挖掉芽眼的部分，蒸熟，再將外皮剝掉壓碎成泥。
3. 將泡過的米和 100c.c. 水倒入鍋中煮，煮至沸騰時轉小火，當水稍微變少且再次沸騰，關火。
4. 將壓碎的馬鈴薯泥加入粥中，繼續煮大約 1 分鐘即成。

0
1
2
3
4
5
6
7
個月
8
9
10
11

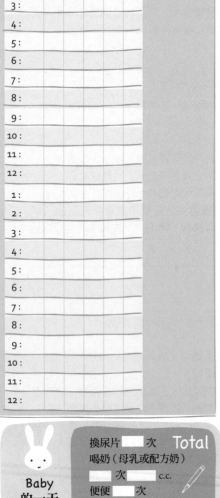

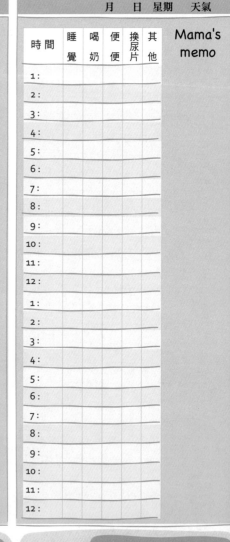

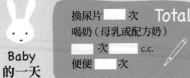

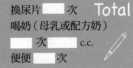

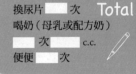

7個月 第5週

Day 1　　　　**Day 2**　　　　**Day 3**

Day 1

月　日　星期　天氣

時間	睡覺	喝奶	便便	換尿片	其他
1 :					
2 :					
3 :					
4 :					
5 :					
6 :					
7 :					
8 :					
9 :					
10 :					
11 :					
12 :					
1 :					
2 :					
3 :					
4 :					
5 :					
6 :					
7 :					
8 :					
9 :					
10 :					
11 :					
12 :					

Mama's memo

換尿片　　次　Total
喝奶（母乳或配方奶）
　　次　　　c.c.
便便　　次

Baby 的一天

Day 2

月　日　星期　天氣

時間	睡覺	喝奶	便便	換尿片	其他
1 :					
2 :					
3 :					
4 :					
5 :					
6 :					
7 :					
8 :					
9 :					
10 :					
11 :					
12 :					
1 :					
2 :					
3 :					
4 :					
5 :					
6 :					
7 :					
8 :					
9 :					
10 :					
11 :					
12 :					

Mama's memo

換尿片　　次　Total
喝奶（母乳或配方奶）
　　次　　　c.c.
便便　　次

Day 3

月　日　星期　天氣

時間	睡覺	喝奶	便便	換尿片	其他
1 :					
2 :					
3 :					
4 :					
5 :					
6 :					
7 :					
8 :					
9 :					
10 :					
11 :					
12 :					
1 :					
2 :					
3 :					
4 :					
5 :					
6 :					
7 :					
8 :					
9 :					
10 :					
11 :					
12 :					

Mama's memo

換尿片　　次　Total
喝奶（母乳或配方奶）
　　次　　　c.c.
便便　　次

滿 8 個月
Baby 8 Months

寶寶的動作和反應愈來愈靈活了,
開始想自己拿東西,
想要追逐人,
是個什麼都想嘗試的好奇寶寶!

寶寶諺語

有句古老的諺語:「不要吵醒熟睡的寶寶。」好品質
和足夠時間的睡眠,有助於生長發育,所以幫寶寶布
置良好的睡覺環境很重要喔!

8個月 第1週　*Day 1*

月　日　星期　天氣

時間	睡覺	喝奶	便便	換尿片	其他
1：					
2：					
3：					
4：					
5：					
6：					
7：					
8：					
9：					
10：					
11：					
12：					
1：					
2：					
3：					
4：					
5：					
6：					
7：					
8：					
9：					
10：					
11：					
12：					

Mama's memo

換尿片 ___ 次　**Total**
喝奶（母乳或配方奶）
___ 次 ___ c.c.
便便 ___ 次

Day 2

月　日　星期　天氣

時間	睡覺	喝奶	便便	換尿片	其他
1：					
2：					
3：					
4：					
5：					
6：					
7：					
8：					
9：					
10：					
11：					
12：					
1：					
2：					
3：					
4：					
5：					
6：					
7：					
8：					
9：					
10：					
11：					
12：					

Mama's memo

換尿片 ___ 次　**Total**
喝奶（母乳或配方奶）
___ 次 ___ c.c.
便便 ___ 次

ℹ mama&baby 小常識

寶寶的力氣和協調性發展都是手先於腳，要想順利的爬行其實不是這麼簡單，所以寶寶可能會有繞圈圈爬行，甚至倒退嚕的情況，這很正常，不用擔心。倒是可以把他喜歡的玩具放在他碰不到的地方，訓練爬行。

Baby
的一天

Day 3　　月　日　星期　天氣

時間	睡覺	喝奶	便便	換尿片	其他
1：					
2：					
3：					
4：					
5：					
6：					
7：					
8：					
9：					
10：					
11：					
12：					
1：					
2：					
3：					
4：					
5：					
6：					
7：					
8：					
9：					
10：					
11：					
12：					

Mama's memo

換尿片 ____ 次　Total
喝奶（母乳或配方奶）
____ 次 ____ c.c.
便便 ____ 次

Day 4　　月　日　星期　天氣

時間	睡覺	喝奶	便便	換尿片	其他
1：					
2：					
3：					
4：					
5：					
6：					
7：					
8：					
9：					
10：					
11：					
12：					
1：					
2：					
3：					
4：					
5：					
6：					
7：					
8：					
9：					
10：					
11：					
12：					

Mama's memo

換尿片 ____ 次　Total
喝奶（母乳或配方奶）
____ 次 ____ c.c.
便便 ____ 次

0　1　2　3　4　5　6　7　8　個月　9　10　11

ⓘ mama&baby 小常識

這個時期的寶寶因為會坐也會爬，漸漸開始會想要站起來，
可以多給寶寶能刺激手臂、腿等大肌肉的玩具。

Baby
的一天

8個月 第1週 *Day 5*

月　日　星期　天氣

時間	睡覺	喝奶	便便	換尿片	其他
1:					
2:					
3:					
4:					
5:					
6:					
7:					
8:					
9:					
10:					
11:					
12:					
1:					
2:					
3:					
4:					
5:					
6:					
7:					
8:					
9:					
10:					
11:					
12:					

Mama's memo

換尿片 ___ 次　**Total**
喝奶（母乳或配方奶）
___ 次 ___ c.c.
便便 ___ 次

Day 6

月　日　星期　天氣

時間	睡覺	喝奶	便便	換尿片	其他
1:					
2:					
3:					
4:					
5:					
6:					
7:					
8:					
9:					
10:					
11:					
12:					
1:					
2:					
3:					
4:					
5:					
6:					
7:					
8:					
9:					
10:					
11:					
12:					

Mama's memo

換尿片 ___ 次　**Total**
喝奶（母乳或配方奶）
___ 次 ___ c.c.
便便 ___ 次

0　1　2　3　4　5　6　7　8 個月　9　10　11

ℹ mama&baby 小常識

雖然寶寶已經會坐了，但是還是要訓練寶寶翻身。連續翻滾可以訓練寶寶的前庭覺和小腦，增加平衡感和感覺統合，但要注意所有動作都需穩定、規律且緩慢，採漸進式的訓練方式。

Baby 的一天

Day 7

時間	睡覺	喝奶	便便	換尿片	其他
1：					
2：					
3：					
4：					
5：					
6：					
7：					
8：					
9：					
10：					
11：					
12：					
1：					
2：					
3：					
4：					
5：					
6：					
7：					
8：					
9：					
10：					
11：					
12：					

Mama's memo

Total
換尿片 ☐ 次
喝奶（母乳或配方奶）
☐ 次 ☐ c.c.
便便 ☐ 次

ⓘ mama&baby 小常識

8 個月的寶寶已經進入副食品的中期，本來一天只餵寶寶 1 次離乳食品，現在可以增加到一天 2 次了。而且這時候的寶寶已經可以吃些像豆腐這種稍微有點硬度的食物，但食用時需注意避免噎住和寶寶的反應。

育兒生活大補帖
Baby Tips

出生 8 ～ 9 個月寶寶的特徵
寶寶睡醒後可以自己慢慢坐起來、手指靈活可以抓玩具，甚至出現爬行的動作，寶寶愈來愈有自己的喜好囉！

坐著玩耍
寶寶腰部的肌肉逐漸發育，可以自己坐好自己玩耍了，當然，也可以讓他坐在娃娃車裡外出散步。有些寶寶如果有較低矮的桌子可以扶著，甚至可以慢慢站起來。另外，要避免寶寶觸碰到矮桌子時，撞到尖銳的桌腳而受傷。

手指變靈活
手指頭變靈活了，尤其是拇指和食指，可以用手指抓玩具、亂抓東西或亂翻垃圾桶、衛生紙。

開始爬
有些發展較快的寶寶已經會爬行了。當他想要移動，但卻無法像大人一樣行走時，可能會出現爬行的動作。

8個月 第2週　*Day 1*

月　日　星期　天氣

時間	睡覺	喝奶	便便	換尿片	其他
1 :					
2 :					
3 :					
4 :					
5 :					
6 :					
7 :					
8 :					
9 :					
10 :					
11 :					
12 :					
1 :					
2 :					
3 :					
4 :					
5 :					
6 :					
7 :					
8 :					
9 :					
10 :					
11 :					
12 :					

Mama's memo

換尿片 ___ 次　**Total**
喝奶（母乳或配方奶）
___ 次　___ c.c.
便便 ___ 次

Day 2

月　日　星期　天氣

時間	睡覺	喝奶	便便	換尿片	其他
1 :					
2 :					
3 :					
4 :					
5 :					
6 :					
7 :					
8 :					
9 :					
10 :					
11 :					
12 :					
1 :					
2 :					
3 :					
4 :					
5 :					
6 :					
7 :					
8 :					
9 :					
10 :					
11 :					
12 :					

Mama's memo

換尿片 ___ 次　**Total**
喝奶（母乳或配方奶）
___ 次　___ c.c.
便便 ___ 次

ℹ mama&baby 小常識

這時期食用的副食品調味盡量要淡，甚至不太需要調味，約成人食物的 1/10 鹹度就可以了。可以稍微添加一點點醬油或是鹽做調味。

Baby 的一天

0　1　2　3　4　5　6　7　**8** 個月　9　10　11

Day 3

月　日　星期　天氣

時間	睡覺	喝奶	便便	換尿片	其他
1:					
2:					
3:					
4:					
5:					
6:					
7:					
8:					
9:					
10:					
11:					
12:					
1:					
2:					
3:					
4:					
5:					
6:					
7:					
8:					
9:					
10:					
11:					
12:					

Mama's memo

換尿片 ___ 次　Total
喝奶（母乳或配方奶）
___ 次 ___ c.c.
便便 ___ 次

ℹ mama&baby 小常識

8 個月大的寶寶對週遭環境更好奇了，很喜歡到處摸摸、看看，媽咪、爸比可以趁這個時候多和寶寶互動，或是教他認識身邊的東西，對寶寶的認知發展很有幫助。

Day 4

月　日　星期　天氣

時間	睡覺	喝奶	便便	換尿片	其他
1:					
2:					
3:					
4:					
5:					
6:					
7:					
8:					
9:					
10:					
11:					
12:					
1:					
2:					
3:					
4:					
5:					
6:					
7:					
8:					
9:					
10:					
11:					
12:					

Mama's memo

換尿片 ___ 次　Total
喝奶（母乳或配方奶）
___ 次 ___ c.c.
便便 ___ 次

Baby
的一天

0
1
2
3
4
5
6
7
8 個月
9
10
11

8個月 第2週 *Day 5*

月　日　星期　天氣

時間	睡覺	喝奶	便便	換尿片	其他
1:					
2:					
3:					
4:					
5:					
6:					
7:					
8:					
9:					
10:					
11:					
12:					
1:					
2:					
3:					
4:					
5:					
6:					
7:					
8:					
9:					
10:					
11:					
12:					

Mama's memo

換尿片 ☐ 次　**Total**
喝奶（母乳或配方奶）
☐ 次　☐ c.c.
便便 ☐ 次

🛈 mama&baby 小常識

這個時期的寶寶很愛模仿，尤其喜歡模仿媽咪照顧自己，
這時候可培養寶寶學會關愛別人。男寶寶也可以玩娃娃，
因為這個時期玩娃娃主要是在學習關懷別人，但仍須教導
寶寶性別的差異，以免造成以後性別混淆。

Day 6

月　日　星期　天氣

時間	睡覺	喝奶	便便	換尿片	其他
1:					
2:					
3:					
4:					
5:					
6:					
7:					
8:					
9:					
10:					
11:					
12:					
1:					
2:					
3:					
4:					
5:					
6:					
7:					
8:					
9:					
10:					
11:					
12:					

Mama's memo

換尿片 ☐ 次　**Total**
喝奶（母乳或配方奶）
☐ 次　☐ c.c.
便便 ☐ 次

Baby 的一天

Day 7

時間	睡覺	喝奶	便便	換尿片	其他
1:					
2:					
3:					
4:					
5:					
6:					
7:					
8:					
9:					
10:					
11:					
12:					
1:					
2:					
3:					
4:					
5:					
6:					
7:					
8:					
9:					
10:					
11:					
12:					

月　日　星期　天氣

Mama's memo

換尿片 ☐ 次　**Total**
喝奶（母乳或配方奶）
☐ 次 ☐ c.c.
便便 ☐ 次

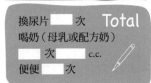

ℹ mama&baby 小常識

寶寶已經能明確的分出喜歡和討厭，有的人就算是第一次見面，也可以很快的親近。相反地，也有見過好幾次的人，寶寶一看到卻仍然會哭或是轉頭，表現出討厭的情緒。

育兒生活大補帖
Baby Tips

給寶寶嘗嘗這些副食品！
皮膚過敏的寶寶可以喝奇異果牛奶，瘦弱、胃口差的寶寶可以試試看酪梨牛奶。材料中的奶汁除了配方奶，母奶也可以。

奇異果牛奶
材料：
配方奶或母奶 150c.c.、去皮奇異果 50 克
做法：
1. 奇異果切小丁。
2. 將奇異果丁放入果汁機中，倒入配方奶或母奶攪打均勻。
3. 用細目濾網將果汁奶過濾，再給寶寶喝。

酪梨牛奶
材料：
配方奶或母奶 150c.c.、熟酪梨 100 克
做法：
1. 熟酪梨去皮後切小丁。
2. 將酪梨丁放入果汁機中，倒入配方奶或母奶攪打均勻。
3. 用細目濾網將果汁奶過濾，再給寶寶喝。

0
1
2
3
4
5
6
7
8
個月
9
10
11

8 個月 第 3 週　　*Day 1*

月　日　星期　天氣

時間	睡覺	喝奶	便便	換尿片	其他
1：					
2：					
3：					
4：					
5：					
6：					
7：					
8：					
9：					
10：					
11：					
12：					
1：					
2：					
3：					
4：					
5：					
6：					
7：					
8：					
9：					
10：					
11：					
12：					

Mama's memo

換尿片 ___ 次　Total
喝奶（母乳或配方奶）
___ 次　___ c.c.
便便 ___ 次

Day 2

月　日　星期　天氣

時間	睡覺	喝奶	便便	換尿片	其他
1：					
2：					
3：					
4：					
5：					
6：					
7：					
8：					
9：					
10：					
11：					
12：					
1：					
2：					
3：					
4：					
5：					
6：					
7：					
8：					
9：					
10：					
11：					
12：					

Mama's memo

換尿片 ___ 次　Total
喝奶（母乳或配方奶）
___ 次　___ c.c.
便便 ___ 次

ℹ️ mama&baby 小常識

寶寶已經會自己用膝蓋爬行、前進。這表示寶寶會調節背部或腰部的肌肉了，而且這個時期他的手腳和背部肌肉突然發育很多，所以爬行的動作很熟練。

Baby 的一天

Day 3

月　日　星期　天氣

時間	睡覺	喝奶	便便	換尿片	其他
1:					
2:					
3:					
4:					
5:					
6:					
7:					
8:					
9:					
10:					
11:					
12:					
1:					
2:					
3:					
4:					
5:					
6:					
7:					
8:					
9:					
10:					
11:					
12:					

Mama's memo

換尿片　　次　Total
喝奶（母乳或配方奶）
　　次　　c.c.
便便　　次

Day 4

月　日　星期　天氣

時間	睡覺	喝奶	便便	換尿片	其他
1:					
2:					
3:					
4:					
5:					
6:					
7:					
8:					
9:					
10:					
11:					
12:					
1:					
2:					
3:					
4:					
5:					
6:					
7:					
8:					
9:					
10:					
11:					
12:					

Mama's memo

換尿片　　次　Total
喝奶（母乳或配方奶）
　　次　　c.c.
便便　　次

ℹ️ mama&baby 小常識

這時寶寶雖然已經長了 1、2 顆乳牙，但還沒辦法咀嚼，只能用舌頭和上顎把食物壓碎、弄爛來吃。所以不能給寶寶吃太硬、太大塊的食物。

Baby
的一天

0
1
2
3
4
5
6
7
8
個月
9
10
11

8個月 第3週 *Day 5*

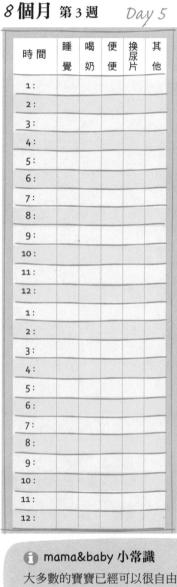

時間	睡覺	喝奶	便便	換尿片	其他
1:					
2:					
3:					
4:					
5:					
6:					
7:					
8:					
9:					
10:					
11:					
12:					
1:					
2:					
3:					
4:					
5:					
6:					
7:					
8:					
9:					
10:					
11:					
12:					

月　日　星期　天氣

Mama's memo

換尿片 ⬜ 次　**Total**
喝奶（母乳或配方奶）
⬜ 次 ⬜ c.c.
便便 ⬜ 次

Day 6

時間	睡覺	喝奶	便便	換尿片	其他
1:					
2:					
3:					
4:					
5:					
6:					
7:					
8:					
9:					
10:					
11:					
12:					
1:					
2:					
3:					
4:					
5:					
6:					
7:					
8:					
9:					
10:					
11:					
12:					

月　日　星期　天氣

Mama's memo

換尿片 ⬜ 次　**Total**
喝奶（母乳或配方奶）
⬜ 次 ⬜ c.c.
便便 ⬜ 次

ℹ mama&baby 小常識

大多數的寶寶已經可以很自由的爬來爬去，也就是說，危險性也變高了。寶寶有可能從床上滾下來、手放到電風扇裡面，也有可能被熱水、熨斗燙到，所以一定要特別注意家裡環境的安全。

Baby 的一天

Day 7

月　日　星期　天氣

Mama's memo

時間	睡覺	喝奶	便便	換尿片	其他
1:					
2:					
3:					
4:					
5:					
6:					
7:					
8:					
9:					
10:					
11:					
12:					
1:					
2:					
3:					
4:					
5:					
6:					
7:					
8:					
9:					
10:					
11:					
12:					

換尿片 ___ 次　**Total**
喝奶（母乳或配方奶）
___ 次 ___ c.c.
便便 ___ 次

ℹ mama&baby 小常識

吃副食品時也會想要把湯匙丟掉，直接用手抓。除了不衛生之外，要是養成拿食物開玩笑的習慣就不好了，所以一定要禁止寶寶這種行為。

育兒生活大補帖
Baby Tips

給寶寶嘗嘗這些副食品！
烹調完成的蔬果泥要盡快給寶寶食用，養分才不會流失。媽咪可以邊餵寶寶，邊告訴他這是用什麼食材做的喔！

茄子泥

材料：
茄子 130 克、水 200c.c.
做法：
1. 茄子洗淨後切段。
2. 將 200c.c. 水倒入鍋中，放入茄子，煮至茄肉熟軟，關火。
3. 待茄子肉稍微變涼，放入食物處理機或果汁機中打成泥狀即成。

菠菜泥

材料：
菠菜 100 克、水 200c.c.
做法：
1. 菠菜洗淨。
2. 將 200c.c. 水倒入鍋中，煮至沸騰，放入菠菜燙熟，撈起。
3. 待菠菜稍微變涼，放入食物處理機或果汁機中打成泥狀即成。

豆腐泥

材料：
嫩豆腐 100 克、水或高湯適量
做法：
1. 將嫩豆腐放入水中煮滾，取出瀝乾。
2. 用湯匙背部將豆腐擣成泥狀即成。

0　1　2　3　4　5　6　7　**8** 個月　9　10　11

8 個月 第 4 週　*Day 1*

月　日　星期　天氣

時間	睡覺	喝奶	便便	換尿片	其他
1 :					
2 :					
3 :					
4 :					
5 :					
6 :					
7 :					
8 :					
9 :					
10 :					
11 :					
12 :					
1 :					
2 :					
3 :					
4 :					
5 :					
6 :					
7 :					
8 :					
9 :					
10 :					
11 :					
12 :					

Mama's memo

換尿片 ___ 次　**Total**
喝奶（母乳或配方奶）
___ 次 ___ c.c.
便便 ___ 次

Day 2

月　日　星期　天氣

時間	睡覺	喝奶	便便	換尿片	其他
1 :					
2 :					
3 :					
4 :					
5 :					
6 :					
7 :					
8 :					
9 :					
10 :					
11 :					
12 :					
1 :					
2 :					
3 :					
4 :					
5 :					
6 :					
7 :					
8 :					
9 :					
10 :					
11 :					
12 :					

Mama's memo

換尿片 ___ 次　**Total**
喝奶（母乳或配方奶）
___ 次 ___ c.c.
便便 ___ 次

ℹ **mama&baby 小常識**

寶寶漸漸已經有東西即使看不見，但還是存在的概念了，有些寶寶甚至會揮手表示「再見」，不過不是每個 8 個月寶寶都會揮手說 bye－bye，有的寶寶可能會用別的方式表示再見。

Baby 的一天

Day 3

月　日　星期　天氣

時間	睡覺	喝奶	便便	換尿片	其他
1：					
2：					
3：					
4：					
5：					
6：					
7：					
8：					
9：					
10：					
11：					
12：					
1：					
2：					
3：					
4：					
5：					
6：					
7：					
8：					
9：					
10：					
11：					
12：					

Mama's memo

ⓘ mama&baby 小常識

如果寶寶已經長乳牙，因為乳牙很小顆，所以清潔時要特別注意。除了用小紗布，也可以用小型的軟毛牙刷幫寶寶刷牙。刷的時候要以兩顆牙齒為一個單位，簡單清潔就可以，不用刷得太徹底。

Day 4

月　日　星期　天氣

時間	睡覺	喝奶	便便	換尿片	其他
1：					
2：					
3：					
4：					
5：					
6：					
7：					
8：					
9：					
10：					
11：					
12：					
1：					
2：					
3：					
4：					
5：					
6：					
7：					
8：					
9：					
10：					
11：					
12：					

Mama's memo

換尿片 ___ 次　**Total**
喝奶（母乳或配方奶）
___ 次 ___ c.c.
便便 ___ 次

Baby 的一天

一年的育兒日記 My Baby's 365 Diary

0
1
2
3
4
5
6
7
8 個月
9
10
11

8個月 第4週 *Day 5*

月　日　星期　天氣

時間	睡覺	喝奶	便便	換尿片	其他
1:					
2:					
3:					
4:					
5:					
6:					
7:					
8:					
9:					
10:					
11:					
12:					
1:					
2:					
3:					
4:					
5:					
6:					
7:					
8:					
9:					
10:					
11:					
12:					

Mama's memo

換尿片 ☐ 次　Total
喝奶（母乳或配方奶）
☐ 次　☐ c.c.
便便 ☐ 次

Day 6

月　日　星期　天氣

時間	睡覺	喝奶	便便	換尿片	其他
1:					
2:					
3:					
4:					
5:					
6:					
7:					
8:					
9:					
10:					
11:					
12:					
1:					
2:					
3:					
4:					
5:					
6:					
7:					
8:					
9:					
10:					
11:					
12:					

Mama's memo

換尿片 ☐ 次　Total
喝奶（母乳或配方奶）
☐ 次　☐ c.c.
便便 ☐ 次

0 1 2 3 4 5 6 7 **8** 個月 9 10 11

ℹ mama&baby 小常識

寶寶持續對很多東西都感興趣，不過對自己本來常玩的玩具興趣降低了，反倒是電話、媽咪的錢包之類的東西更能吸引他，也很喜歡照鏡子。

Baby
的一天

Day 7

月 日 星期 天氣
Mama's memo

時間	睡覺	喝奶	便便	換尿片	其他
1:					
2:					
3:					
4:					
5:					
6:					
7:					
8:					
9:					
10:					
11:					
12:					
1:					
2:					
3:					
4:					
5:					
6:					
7:					
8:					
9:					
10:					
11:					
12:					

Total

換尿片 ☐ 次
喝奶（母乳或配方奶）
☐ 次 ☐ c.c.
便便 ☐ 次

🛈 mama&baby 小常識

揹寶寶的動作可以讓他的手、腳、胸部接收到感覺，這樣能夠刺激頭腦。所以常被家人揹的寶寶比較快學會爬，也比較早會坐。爬行動作會同時活動到手、腳和脖子，對頭腦的發育很有幫助。

育兒生活大補帖
Baby Tips

給寶寶嘗嘗這些副食品！
魚類和豆類含有豐富的蛋白質和鈣質，都是成長不可缺的食品。雞蛋營養素也很完整，但一定要挑選新鮮的喔！

蒸四季豆甜南瓜
材料：
四季豆 30 克、南瓜 20 克、水 150c.c.、黃豆粉 1 小匙
做法：
1. 將四季豆煮軟，去除外皮。
2. 去除南瓜皮和纖維部分，在流動的水下沖洗乾淨。
3. 將南瓜放入蒸鍋中，充分蒸軟後壓碎。
4. 將四季豆、南瓜放入碗中充分拌勻，加入黃豆粉再拌勻即成。

鯽仔魚蒸蛋
材料：
雞蛋 1 個、鯽仔魚 1 小匙、冷開水 100c.c.
做法：
1. 鯽仔魚洗淨，瀝乾水分後切細碎。
2. 雞蛋打入碗中，攪拌均勻。
3. 將鯽仔魚、冷開水加入蛋液中拌勻，放入電鍋中，外鍋加 1 杯水，煮至開關跳起即成。

0
1
2
3
4
5
6
7
8 個月
9
10
11

8個月 第5週

Day 1

| 月 | 日 | 星期 | 天氣 |

時間	睡覺	喝奶	便便	換尿片	其他
1:					
2:					
3:					
4:					
5:					
6:					
7:					
8:					
9:					
10:					
11:					
12:					
1:					
2:					
3:					
4:					
5:					
6:					
7:					
8:					
9:					
10:					
11:					
12:					

Mama's memo

Baby 的一天

換尿片 ___ 次 **Total**
喝奶（母乳或配方奶）
___ 次 ___ c.c.
便便 ___ 次

Day 2

| 月 | 日 | 星期 | 天氣 |

時間	睡覺	喝奶	便便	換尿片	其他
1:					
2:					
3:					
4:					
5:					
6:					
7:					
8:					
9:					
10:					
11:					
12:					
1:					
2:					
3:					
4:					
5:					
6:					
7:					
8:					
9:					
10:					
11:					
12:					

Mama's memo

換尿片 ___ 次 **Total**
喝奶（母乳或配方奶）
___ 次 ___ c.c.
便便 ___ 次

Day 3

| 月 | 日 | 星期 | 天氣 |

時間	睡覺	喝奶	便便	換尿片	其他
1:					
2:					
3:					
4:					
5:					
6:					
7:					
8:					
9:					
10:					
11:					
12:					
1:					
2:					
3:					
4:					
5:					
6:					
7:					
8:					
9:					
10:					
11:					
12:					

Mama's memo

換尿片 ___ 次 **Total**
喝奶（母乳或配方奶）
___ 次 ___ c.c.
便便 ___ 次

0 1 2 3 4 5 6 7 8 個月 9 10 11

滿 9 個月
Baby 9 Months

每到用餐時間，
是寶寶一天最興奮的時刻。
看著他一口一口吃下滿滿營養的副食品，
希望以後能長得又高又壯、又聰明。

寶寶諺語

「七坐八爬九發牙」是寶寶每個月的發育特徵。7個月會坐，8個月開始爬行，9個月慢慢長牙了！不過因寶寶的個體發育有所差異，如果家中寶寶慢了一點，爸比、媽咪要有耐心喔！

9個月 第1週 *Day 1*

月　日　星期　天氣

時間	睡覺	喝奶	便便	換尿片	其他
1:					
2:					
3:					
4:					
5:					
6:					
7:					
8:					
9:					
10:					
11:					
12:					
1:					
2:					
3:					
4:					
5:					
6:					
7:					
8:					
9:					
10:					
11:					
12:					

Mama's memo

換尿片 ____ 次　**Total**
喝奶（母乳或配方奶）
____ 次 ____ c.c.
便便 ____ 次

Day 2

月　日　星期　天氣

時間	睡覺	喝奶	便便	換尿片	其他
1:					
2:					
3:					
4:					
5:					
6:					
7:					
8:					
9:					
10:					
11:					
12:					
1:					
2:					
3:					
4:					
5:					
6:					
7:					
8:					
9:					
10:					
11:					
12:					

Mama's memo

換尿片 ____ 次　**Total**
喝奶（母乳或配方奶）
____ 次 ____ c.c.
便便 ____ 次

ℹ mama&baby 小常識

寶寶對媽咪的依戀愈來愈強了，只要一沒看到媽咪就會覺得很不安。不妨多和寶寶玩找東西遊戲，讓寶寶了解就算沒看到媽咪，也知道媽咪一定在某個地方，可以增進寶寶的安全感。

Baby 的一天

Day 3

月　日　星期　天氣

時 間	睡覺	喝奶	便便	換尿片	其他
1 :					
2 :					
3 :					
4 :					
5 :					
6 :					
7 :					
8 :					
9 :					
10 :					
11 :					
12 :					
1 :					
2 :					
3 :					
4 :					
5 :					
6 :					
7 :					
8 :					
9 :					
10 :					
11 :					
12 :					

Mama's memo

換尿片 ___ 次　Total
喝奶（母乳或配方奶）
___ 次 ___ c.c.
便便 ___ 次

ⓘ mama&baby 小常識

教寶寶說話的時候，最好不要用寶寶用語，這樣對他的語言發育反而會比較有幫助，但還是有一點點小缺點，當寶寶學會說話之後，講起話來就跟小大人一樣，比較沒有童言童語的可愛。

Day 4

月　日　星期　天氣

時 間	睡覺	喝奶	便便	換尿片	其他
1 :					
2 :					
3 :					
4 :					
5 :					
6 :					
7 :					
8 :					
9 :					
10 :					
11 :					
12 :					
1 :					
2 :					
3 :					
4 :					
5 :					
6 :					
7 :					
8 :					
9 :					
10 :					
11 :					
12 :					

Mama's memo

換尿片 ___ 次　Total
喝奶（母乳或配方奶）
___ 次 ___ c.c.
便便 ___ 次

0
1
2
3
4
5
6
7
8
9
個月
10
11

Baby
的一天

9個月 第1週 Day 5

月　日　星期　天氣

時間	睡覺	喝奶	便便	換尿片	其他
1:					
2:					
3:					
4:					
5:					
6:					
7:					
8:					
9:					
10:					
11:					
12:					
1:					
2:					
3:					
4:					
5:					
6:					
7:					
8:					
9:					
10:					
11:					
12:					

Mama's memo

換尿片　　次　Total
喝奶（母乳或配方奶）
　　次　　　c.c.
便便　　次

Day 6

月　日　星期　天氣

時間	睡覺	喝奶	便便	換尿片	其他
1:					
2:					
3:					
4:					
5:					
6:					
7:					
8:					
9:					
10:					
11:					
12:					
1:					
2:					
3:					
4:					
5:					
6:					
7:					
8:					
9:					
10:					
11:					
12:					

Mama's memo

換尿片　　次　Total
喝奶（母乳或配方奶）
　　次　　　c.c.
便便　　次

0
1
2
3
4
5
6
7
8
9
個月
10
11

ⓘ mama&baby 小常識

寶寶很喜歡邊玩邊吃，所以常常會弄得亂七八糟。不要急著把弄亂的東西整理乾淨，先把雜亂的東西原封不動的保留，然後告訴寶寶這樣是不對的，趁機進行機會教育。

Baby
的一天

Day 7

時間	睡覺	喝奶	便便	換尿片	其他
1:					
2:					
3:					
4:					
5:					
6:					
7:					
8:					
9:					
10:					
11:					
12:					
1:					
2:					
3:					
4:					
5:					
6:					
7:					
8:					
9:					
10:					
11:					
12:					

月　日　星期　天氣

Mama's memo

換尿片 ____ 次　**Total**
喝奶（母乳或配方奶）
____ 次 ____ c.c.
便便 ____ 次

ℹ mama&baby 小常識

小兒科醫生建議，先不要餵 9 個月的寶寶吃白米飯。如果寶寶表現出對米飯的強烈興趣，甚至碰到一點點飯，會蠕動嘴巴的話，可以餵一點點飯。太早吃飯的話，以後容易有消化不良的問題，甚至會影響之後的食量。

育兒生活大補帖
Baby Tips

出生 9 ～ 10 個月寶寶的特徵

這時期的寶寶長高了，不僅爬行的速度變快，有些寶寶甚至可以由家人牽著手走路。但如果家中寶貝生長較慢，爸比、媽咪要多鼓勵寶寶，不要太心急。

體重不增，身高增加

體重增加的幅度非常緩慢，但身高持續生長，加上每天爬行等運動，活動量增大，肌肉發展和身高都有長足的生長。

順利爬行

大多數寶寶已經可以順利爬行，速度變快，自由移動到想要去的地方，顯得非常開心。室內居家環境應保持清潔，地上不要有垃圾，以免寶寶亂吃。

抓著手可走路

只要有人抓著或牽著寶寶的手，對走路則躍躍欲試，可以慢慢走幾步了。等腰和腿部的肌肉力量增強，相信很快就能走路了。

模仿力強

記憶力、模仿力大幅增加，已經能瞭解周遭人們反覆的言行，因此會出現反射動作。像看見針頭會哭、看見圍兜兜想吃飯。此外，還會模仿家人常做的動作。

0
1
2
3
4
5
6
7
8
9 個月
10
11

9個月 第2週 *Day 1*

月　日　星期　天氣

時間	睡覺	喝奶	便便	換尿片	其他
1:					
2:					
3:					
4:					
5:					
6:					
7:					
8:					
9:					
10:					
11:					
12:					
1:					
2:					
3:					
4:					
5:					
6:					
7:					
8:					
9:					
10:					
11:					
12:					

Mama's memo

換尿片 ____ 次　Total
喝奶（母乳或配方奶）
____ 次 ____ c.c.
便便 ____ 次

Day 2

月　日　星期　天氣

時間	睡覺	喝奶	便便	換尿片	其他
1:					
2:					
3:					
4:					
5:					
6:					
7:					
8:					
9:					
10:					
11:					
12:					
1:					
2:					
3:					
4:					
5:					
6:					
7:					
8:					
9:					
10:					
11:					
12:					

Mama's memo

換尿片 ____ 次　Total
喝奶（母乳或配方奶）
____ 次 ____ c.c.
便便 ____ 次

ⓘ mama&baby 小常識

已經會正確地說出「mama」、「baba」了，而且也很喜歡模仿大人的行為和說話。媽咪、爸比可以盡量多讓寶寶認識周遭的環境，看到什麼就跟他說那是什麼，訓練寶寶把單字和字義連接起來。

Baby 的一天

Day 3

月　日　星期　天氣

時間	睡覺	喝奶	便便	換尿片	其他
1：					
2：					
3：					
4：					
5：					
6：					
7：					
8：					
9：					
10：					
11：					
12：					
1：					
2：					
3：					
4：					
5：					
6：					
7：					
8：					
9：					
10：					
11：					
12：					

Mama's memo

換尿片 □ 次　Total
喝奶（母乳或配方奶）
□ 次 □ c.c.
便便 □ 次

Day 4

月　日　星期　天氣

時間	睡覺	喝奶	便便	換尿片	其他
1：					
2：					
3：					
4：					
5：					
6：					
7：					
8：					
9：					
10：					
11：					
12：					
1：					
2：					
3：					
4：					
5：					
6：					
7：					
8：					
9：					
10：					
11：					
12：					

Mama's memo

換尿片 □ 次　Total
喝奶（母乳或配方奶）
□ 次 □ c.c.
便便 □ 次

🛈 mama&baby 小常識

這個時期的寶寶手的動作已經很靈活了，也可以穩穩的坐著，如果給他玩具讓他坐著玩，大概都可以自己玩個 10～20 分鐘。

Baby 的一天

0
1
2
3
4
5
6
7
8
9
個月
10
11

9個月 第2週 *Day 5*

月　日　星期　天氣

時間	睡覺	喝奶	便便	換尿片	其他
1：					
2：					
3：					
4：					
5：					
6：					
7：					
8：					
9：					
10：					
11：					
12：					
1：					
2：					
3：					
4：					
5：					
6：					
7：					
8：					
9：					
10：					
11：					
12：					

Mama's memo

換尿片 ___ 次　**Total**
喝奶（母乳或配方奶）
___ 次 ___ c.c.
便便 ___ 次

ℹ mama&baby 小常識

乳牙比恆齒脆弱，所以如果寶寶養成含奶瓶的習慣，要慢慢改過來，不然會得奶瓶齲齒症。吃東西之後，用紗布清理乳牙，或是喝些水，避免牙齒表面殘留糖分。

Day 6

月　日　星期　天氣

時間	睡覺	喝奶	便便	換尿片	其他
1：					
2：					
3：					
4：					
5：					
6：					
7：					
8：					
9：					
10：					
11：					
12：					
1：					
2：					
3：					
4：					
5：					
6：					
7：					
8：					
9：					
10：					
11：					
12：					

Mama's memo

換尿片 ___ 次　**Total**
喝奶（母乳或配方奶）
___ 次 ___ c.c.
便便 ___ 次

Baby
的一天

Day 7

時間	睡覺	喝奶	便便	換尿片	其他
1：					
2：					
3：					
4：					
5：					
6：					
7：					
8：					
9：					
10：					
11：					
12：					
1：					
2：					
3：					
4：					
5：					
6：					
7：					
8：					
9：					
10：					
11：					
12：					

月　日　星期　天氣

Mama's memo

換尿片 ☐ 次　**Total**
喝奶（母乳或配方奶）
☐ 次　☐ c.c.
便便 ☐ 次

ℹ mama&baby 小常識

每個孩子的個性不同，有的寶寶會自己想辦法站起來，但也有的寶寶剛站起來就又坐下去。如果一下子就坐下去的話，媽咪可以在他想站起來的時候，輕輕撐住他的屁股，或用手抓著他幫他站起來，可幫助他站得更穩。

育兒生活大補帖 Baby Tips

給寶寶嘗嘗這些副食品！

高湯是製作副食品中很關鍵的食材之一，他能幫助骨骼的發展，比單純用水烹調來得營養多了。建議可一次製作較多的量，冷凍保存，使用時再取出即可。

雞骨高湯

材料：
雞骨 600 克、水 2,000c.c.

材料：

1. 雞骨洗淨，放入足量的滾水中燙除血水，約 5 分鐘後撈起。
2. 用清水再次洗淨以去除血塊。
3. 將 2,000c.c. 水倒入鍋中，加入雞骨，先以大火煮至沸騰，轉小火煮，讓湯汁保持微微的沸騰狀態。
4. 半掩鍋蓋續煮 2～3 小時，直到湯汁變琥珀色，關火，約可完成 700～800c.c. 的份量。
5. 待高湯降溫，以濾網過濾出湯汁，放入冰箱冷藏 1 天保存。取出以湯匙刮除湯汁表面凝固的浮油層，再分裝於保鮮袋中，放入冰箱冷凍保存。

蘑菇高湯

材料：
蘑菇 150 克、水 600c.c.

做法：

1. 蘑菇洗淨後放入鍋中，加入 600c.c. 水煮至沸騰，關火。
2. 撈除蘑菇，湯汁即可使用。
3. 沒有用完的湯汁可放入冰箱冷藏或冷凍保存，下次再用。

9個月 第3週　*Day 1*

| 月 | 日 | 星期 | 天氣 |

時間	睡覺	喝奶	便便	換尿片	其他
1:					
2:					
3:					
4:					
5:					
6:					
7:					
8:					
9:					
10:					
11:					
12:					
1:					
2:					
3:					
4:					
5:					
6:					
7:					
8:					
9:					
10:					
11:					
12:					

Mama's memo

換尿片 ___ 次　**Total**
喝奶（母乳或配方奶）
___ 次 ___ c.c.
便便 ___ 次

Day 2

| 月 | 日 | 星期 | 天氣 |

時間	睡覺	喝奶	便便	換尿片	其他
1:					
2:					
3:					
4:					
5:					
6:					
7:					
8:					
9:					
10:					
11:					
12:					
1:					
2:					
3:					
4:					
5:					
6:					
7:					
8:					
9:					
10:					
11:					
12:					

Mama's memo

換尿片 ___ 次　**Total**
喝奶（母乳或配方奶）
___ 次 ___ c.c.
便便 ___ 次

ℹ mama&baby 小常識

大多數寶寶的聲音和動作已經可以協調了，對別人說的話反應也很敏感。媽咪、爸比可以多帶寶寶出外走走，或唸圖畫書給他聽。媽咪對他說的話愈多，就能愈快學會說話。

Baby 的一天

Day 3

月　日　星期　天氣

時 間	睡覺	喝奶	便便	換尿片	其他
1:					
2:					
3:					
4:					
5:					
6:					
7:					
8:					
9:					
10:					
11:					
12:					
1:					
2:					
3:					
4:					
5:					
6:					
7:					
8:					
9:					
10:					
11:					
12:					

Mama's memo

換尿片 ___ 次　**Total**
喝奶（母乳或配方奶）
___ 次 ___ c.c.
便便 ___ 次

Day 4

月　日　星期　天氣

時 間	睡覺	喝奶	便便	換尿片	其他
1:					
2:					
3:					
4:					
5:					
6:					
7:					
8:					
9:					
10:					
11:					
12:					
1:					
2:					
3:					
4:					
5:					
6:					
7:					
8:					
9:					
10:					
11:					
12:					

Mama's memo

換尿片 ___ 次　**Total**
喝奶（母乳或配方奶）
___ 次 ___ c.c.
便便 ___ 次

ℹ️ mama&baby 小常識

寶寶如果沒有接受到任何刺激，發育會比較遲緩，所以媽咪的育兒態度非常重要。最好能以下一個階段為目標來教導，如寶寶坐著的時候，可以用跟他玩的方式，讓寶寶練習站起來。但記得，要以積極愉快的態度教他喔！

Baby 的一天

0
1
2
3
4
5
6
7
8
9
個月
10
11

9個月 第3週　*Day 5*

月　日　星期　天氣

時間	睡覺	喝奶	便便	換尿片	其他
1:					
2:					
3:					
4:					
5:					
6:					
7:					
8:					
9:					
10:					
11:					
12:					
1:					
2:					
3:					
4:					
5:					
6:					
7:					
8:					
9:					
10:					
11:					
12:					

Mama's memo

換尿片 ☐ 次　**Total**
喝奶（母乳或配方奶）
☐ 次　☐ c.c.
便便 ☐ 次

Day 6

月　日　星期　天氣

時間	睡覺	喝奶	便便	換尿片	其他
1:					
2:					
3:					
4:					
5:					
6:					
7:					
8:					
9:					
10:					
11:					
12:					
1:					
2:					
3:					
4:					
5:					
6:					
7:					
8:					
9:					
10:					
11:					
12:					

Mama's memo

換尿片 ☐ 次　**Total**
喝奶（母乳或配方奶）
☐ 次　☐ c.c.
便便 ☐ 次

ℹ mama&baby 小常識

9 個月大的寶寶對深度、高度、寬度已經有了進一步的認識，媽咪可以給他各種不同的物品，讓寶寶學著分類。

**Baby
的一天**

Day 7

時間	睡覺	喝奶	便便	換尿片	其他
1：					
2：					
3：					
4：					
5：					
6：					
7：					
8：					
9：					
10：					
11：					
12：					
1：					
2：					
3：					
4：					
5：					
6：					
7：					
8：					
9：					
10：					
11：					
12：					

月　　日　星期　天氣

Mama's memo

換尿片 ___ 次　**Total**
喝奶（母乳或配方奶）
___ 次 ___ c.c.
便便 ___ 次

ℹ mama&baby 小常識

這個時候的寶寶不管什麼東西都想直接嘗試，或伸手去摸，家人照顧起來特別辛苦。如果讓他養成習慣，以後若想禁止他的行動，會讓他以為不可以做而打斷他的成長，要適當拿捏什麼時候可以順寶寶的意，什麼時候不行。

育兒生活大補帖
Baby Tips

給寶寶嚐嚐這些副食品！
除了奶汁、果汁以外，偶爾也讓寶寶換個口味，多嘗試不同種類食材做成的飲品，幫助他攝取更全方位的養分。

白木耳豆漿

材料：
乾的白木耳 15 克、低糖豆漿 200c.c.
做法：
1. 白木耳洗淨後泡水至軟化，放入滾水中汆燙，撈起切細碎。
2. 將豆漿、白木耳放入鍋中，先以小火煮至沸騰，再續煮 3 分鐘，關火。
3. 待煮好的豆漿、白木耳降溫，全部倒入果汁機中打勻，也可以用細目濾網將白木耳豆漿瀝出。

黃豆糙米汁

材料：
糙米 50 克、黃豆 50 克、水 500c.c.
做法：
1. 所有的材料洗淨，瀝乾後倒入鍋中，再加入 500c.c. 的水。
2. 先以大火煮至沸騰，再轉小火，半掩鍋蓋續煮 30 分鐘。
3. 待降溫，濾出湯汁即成。

0
1
2
3
4
5
6
7
8
9 個月
10
11

9個月 第4週

月　日　星期　天氣

時間	睡覺	喝奶	便便	換尿片	其他
1 :					
2 :					
3 :					
4 :					
5 :					
6 :					
7 :					
8 :					
9 :					
10 :					
11 :					
12 :					
1 :					
2 :					
3 :					
4 :					
5 :					
6 :					
7 :					
8 :					
9 :					
10 :					
11 :					
12 :					

Mama's memo

換尿片 □ 次　**Total**
喝奶（母乳或配方奶）
□ 次 □ c.c.
便便 □ 次

ℹ mama&baby 小常識

由於這時寶寶很容易模仿，只要看到家人打開抽屜拿東西，很容易有樣學樣，認為只要打開抽屜就能拿到東西。所以，在寶寶範圍可及的地方，抽屜裡不要放危險物品，以免他拿來玩。

月　日　星期　天氣

時間	睡覺	喝奶	便便	換尿片	其他
1 :					
2 :					
3 :					
4 :					
5 :					
6 :					
7 :					
8 :					
9 :					
10 :					
11 :					
12 :					
1 :					
2 :					
3 :					
4 :					
5 :					
6 :					
7 :					
8 :					
9 :					
10 :					
11 :					
12 :					

Mama's memo

換尿片 □ 次　**Total**
喝奶（母乳或配方奶）
□ 次 □ c.c.
便便 □ 次

Baby 的一天

0
1
2
3
4
5
6
7
8
9
個月
10
11

Day 3

月　日　星期　天氣

時間	睡覺	喝奶	便便	換尿片	其他
1:					
2:					
3:					
4:					
5:					
6:					
7:					
8:					
9:					
10:					
11:					
12:					
1:					
2:					
3:					
4:					
5:					
6:					
7:					
8:					
9:					
10:					
11:					
12:					

Mama's memo

換尿片　　次　Total
喝奶（母乳或配方奶）
　　次　　c.c.
便便　　次

ℹ mama&baby 小常識

這時候的寶寶已經開始能夠掌握自己身體的平衡了，可以躺著扭腰去抓身邊的東西。扶著東西站立的時候，也可以支撐自己的體重，有些寶寶甚至可以放開手，獨自站立了！

Day 4

月　日　星期　天氣

時間	睡覺	喝奶	便便	換尿片	其他
1:					
2:					
3:					
4:					
5:					
6:					
7:					
8:					
9:					
10:					
11:					
12:					
1:					
2:					
3:					
4:					
5:					
6:					
7:					
8:					
9:					
10:					
11:					
12:					

Mama's memo

換尿片　　次　Total
喝奶（母乳或配方奶）
　　次　　c.c.
便便　　次

Baby
的一天

0
1
2
3
4
5
6
7
8
9
個月
10
11

9個月 第4週 *Day 5*　　月　日　星期　天氣

時間	睡覺	喝奶	便便	換尿片	其他
1：					
2：					
3：					
4：					
5：					
6：					
7：					
8：					
9：					
10：					
11：					
12：					
1：					
2：					
3：					
4：					
5：					
6：					
7：					
8：					
9：					
10：					
11：					
12：					

Mama's memo

換尿片 ___ 次　**Total**
喝奶（母乳或配方奶）
___ 次　___ c.c.
便便 ___ 次

Day 6　　月　日　星期　天氣

時間	睡覺	喝奶	便便	換尿片	其他
1：					
2：					
3：					
4：					
5：					
6：					
7：					
8：					
9：					
10：					
11：					
12：					
1：					
2：					
3：					
4：					
5：					
6：					
7：					
8：					
9：					
10：					
11：					
12：					

Mama's memo

換尿片 ___ 次　**Total**
喝奶（母乳或配方奶）
___ 次　___ c.c.
便便 ___ 次

0 1 2 3 4 5 6 7 8 **9** 個月 10 11

ℹ️ mama&baby 小常識

多多讓寶寶和其他親戚、朋友接觸，讓寶寶學著在陌生的
人群中可以感到自在。不過，盡量不要讓陌生的叔叔、阿
姨們貿然進入寶寶的生活圈。也可以先在比較遠的地方對
寶寶微笑，看他的反應再互動。

Baby 的一天

Day 7

| 月 | 日 | 星期 | 天氣 |

時間	睡覺	喝奶	便便	換尿片	其他
1:					
2:					
3:					
4:					
5:					
6:					
7:					
8:					
9:					
10:					
11:					
12:					
1:					
2:					
3:					
4:					
5:					
6:					
7:					
8:					
9:					
10:					
11:					
12:					

Mama's memo

換尿片 ▢ 次　**Total**
喝奶（母乳或配方奶）
▢ 次　▢ c.c.
便便 ▢ 次

ⓘ mama&baby 小常識

可以讓寶寶慢慢學著離開奶瓶，大多數的小兒科醫師建議可以在 9 ～ 12 個月之間讓寶寶斷奶，最好在 13 ～ 14 個月時完全斷奶。改用杯子，對寶寶的牙齒健康比較有幫助。

育兒生活大補帖
Baby Tips

讓 6 ～ 9 個月寶寶試試這些玩具！
這個時期的寶寶從翻身、坐好、爬行、站立，甚至到可以牽著走路，移動能力愈來愈強，加上手指已漸漸靈活，好奇心的驅使，喜愛用手抓取玩具和東西。建議玩具種類以可以讓他扭、轉、觸摸、扔、咬的東西為主。

色彩鮮豔的球
準備色彩鮮豔的球，除了可以吸引寶寶的注意力以達到刺激視覺的發展，還能夠訓練手部肌肉的發展。建議選擇無毒安全材質、大小適中的球、凸起設計、重量輕，讓他抓著、扔擲或練習撿球。此外，若有凸起設計還能刺激觸覺，都是很好的運動。

啃咬玩具
可挑選適合寶寶啃咬的材質、不同造型的玩具，尤其是在長牙時，可以減緩長牙時的不舒服，還能幫助嘴唇運動，感覺軟硬。但因為是會放入嘴巴中的玩具，一定要選無毒安全材質，同時要常清洗。

可以握住的有聲玩具
這種玩具可以訓練寶寶手部和手腕的活動能力。在市售玩具中，盡可能挑選顏色鮮豔、大小適中、按壓會發出聲響的產品，更能成功吸引寶寶的目光。

0
1
2
3
4
5
6
7
8
9
個月
10
11

9 個月 第 5 週

Day 1

時間	睡覺	喝奶	便便	換尿片	其他
1 :					
2 :					
3 :					
4 :					
5 :					
6 :					
7 :					
8 :					
9 :					
10 :					
11 :					
12 :					
1 :					
2 :					
3 :					
4 :					
5 :					
6 :					
7 :					
8 :					
9 :					
10 :					
11 :					
12 :					

月　日　星期　天氣

Mama's memo

Day 2

時間	睡覺	喝奶	便便	換尿片	其他
1 :					
2 :					
3 :					
4 :					
5 :					
6 :					
7 :					
8 :					
9 :					
10 :					
11 :					
12 :					
1 :					
2 :					
3 :					
4 :					
5 :					
6 :					
7 :					
8 :					
9 :					
10 :					
11 :					
12 :					

月　日　星期　天氣

Mama's memo

Day 3

時間	睡覺	喝奶	便便	換尿片	其他
1 :					
2 :					
3 :					
4 :					
5 :					
6 :					
7 :					
8 :					
9 :					
10 :					
11 :					
12 :					
1 :					
2 :					
3 :					
4 :					
5 :					
6 :					
7 :					
8 :					
9 :					
10 :					
11 :					
12 :					

月　日　星期　天氣

Mama's memo

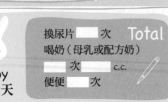

Baby 的一天

換尿片 ☐ 次　Total
喝奶（母乳或配方奶）
☐ 次　☐ c.c.
便便 ☐ 次

換尿片 ☐ 次　Total
喝奶（母乳或配方奶）
☐ 次　☐ c.c.
便便 ☐ 次

換尿片 ☐ 次　Total
喝奶（母乳或配方奶）
☐ 次　☐ c.c.
便便 ☐ 次

滿 10 個月
Baby 10 Months

寶寶最喜歡玩耍了，
不管是躲貓貓、丟球、推著學步車移動……
都能讓他樂開懷。
看著他天真無邪的小臉，
爸比、媽咪更心滿意足。

寶寶諺語

「聰明是吃出來的。」有這麼一句歐洲諺語。寶寶平
日吃得好，不需特別花大錢，就能對大腦發展很有助
益。像透過飲食攝取 DHA，可以幫助智力、記憶、
理解等發育良好。

10 個月 第 1 週 *Day 1*

月　日　星期　天氣

時間	睡覺	喝奶	便便	換尿片	其他
1 :					
2 :					
3 :					
4 :					
5 :					
6 :					
7 :					
8 :					
9 :					
10 :					
11 :					
12 :					
1 :					
2 :					
3 :					
4 :					
5 :					
6 :					
7 :					
8 :					
9 :					
10 :					
11 :					
12 :					

Mama's memo

換尿片 □ 次　Total
喝奶（母乳或配方奶）
□ 次 □ c.c.
便便 □ 次

Day 2

月　日　星期　天氣

時間	睡覺	喝奶	便便	換尿片	其他
1 :					
2 :					
3 :					
4 :					
5 :					
6 :					
7 :					
8 :					
9 :					
10 :					
11 :					
12 :					
1 :					
2 :					
3 :					
4 :					
5 :					
6 :					
7 :					
8 :					
9 :					
10 :					
11 :					
12 :					

Mama's memo

換尿片 □ 次　Total
喝奶（母乳或配方奶）
□ 次 □ c.c.
便便 □ 次

ⓘ mama&baby 小常識

寶寶和其他年齡相近的嬰幼兒在一起玩時，會出現抓對方
或是打對方的行為，媽咪千萬不要馬上大聲喝止嚇到他。
其實寶寶只是想表達出對同伴感到興趣，幾乎每個寶寶都
有這樣的時期，媽咪先不用太擔心。

Baby
的一天

Day 3

時間	睡覺	喝奶	便便	換尿片	其他
1:					
2:					
3:					
4:					
5:					
6:					
7:					
8:					
9:					
10:					
11:					
12:					
1:					
2:					
3:					
4:					
5:					
6:					
7:					
8:					
9:					
10:					
11:					
12:					

Mama's memo

換尿片 □ 次　Total
喝奶（母乳或配方奶）
□ 次 □ c.c.
便便 □ 次

Day 4

時間	睡覺	喝奶	便便	換尿片	其他
1:					
2:					
3:					
4:					
5:					
6:					
7:					
8:					
9:					
10:					
11:					
12:					
1:					
2:					
3:					
4:					
5:					
6:					
7:					
8:					
9:					
10:					
11:					
12:					

Mama's memo

換尿片 □ 次　Total
喝奶（母乳或配方奶）
□ 次 □ c.c.
便便 □ 次

mama&baby 小常識

被寶寶咬的時候，就算會痛也不要大叫，不然寶寶可能會
因為覺得好玩，而再咬一次。也不能對他微笑，不然他會
誤以為這是一個正確的、會被稱讚的舉動。但要告訴他這
是不可以的行為。

Baby 的一天

0
1
2
3
4
5
6
7
8
9
10 個月
11

10個月 第1週 *Day 5*

月　日　星期　天氣

時間	睡覺	喝奶	便便	換尿片	其他
1 :					
2 :					
3 :					
4 :					
5 :					
6 :					
7 :					
8 :					
9 :					
10 :					
11 :					
12 :					
1 :					
2 :					
3 :					
4 :					
5 :					
6 :					
7 :					
8 :					
9 :					
10 :					
11 :					
12 :					

Mama's memo

換尿片 ☐ 次　**Total**
喝奶（母乳或配方奶）
☐ 次 ☐ c.c.
便便 ☐ 次

ℹ mama&baby 小常識

如果被寶寶咬了，不要想說讓他知道被咬的感覺而去反咬
他，因為寶寶不會明白這是一種懲戒的行為，反而會模仿
起來，變得更常咬人。

Day 6

月　日　星期　天氣

時間	睡覺	喝奶	便便	換尿片	其他
1 :					
2 :					
3 :					
4 :					
5 :					
6 :					
7 :					
8 :					
9 :					
10 :					
11 :					
12 :					
1 :					
2 :					
3 :					
4 :					
5 :					
6 :					
7 :					
8 :					
9 :					
10 :					
11 :					
12 :					

Mama's memo

換尿片 ☐ 次　**Total**
喝奶（母乳或配方奶）
☐ 次 ☐ c.c.
便便 ☐ 次

Baby
的一天

0　1　2　3　4　5　6　7　8　9　10　個月　11

Day 7

時間	睡覺	喝奶	便便	換尿片	其他
1:					
2:					
3:					
4:					
5:					
6:					
7:					
8:					
9:					
10:					
11:					
12:					
1:					
2:					
3:					
4:					
5:					
6:					
7:					
8:					
9:					
10:					
11:					
12:					

月　日　星期　天氣

Mama's memo

Total
換尿片 ☐ 次
喝奶（母乳或配方奶）
☐ 次　c.c.
便便 ☐ 次

ℹ mama&baby 小常識

寶寶會喜歡跟同年齡的同伴互動，也會笑或者打招呼，如果寶寶沒有反應的話，可能是因為沒有跟其他小朋友接觸，建議多帶他去外面散步逛逛，多和其他嬰幼兒接觸、互動。

育兒生活大補帖
Baby Tips

出生 10 ～ 11 個月寶寶的特徵

可愛的寶寶長得愈來愈高了，他可以慢慢站起來、手臂力量增強，而且還會表達出自己的情緒喔！

自己站起來

可以自己站起來，扶著東西也能維持站姿好幾秒。這是寶寶腳部肌肉漸漸發展、有力的證明。可讓他多練習這個動作。

走得更好

雖然還不太能走路，但如果扶著東西慢慢移動，較不會跌倒。讓寶寶扶著物體慢慢移動，爸比、媽咪多多鼓勵他，相信寶寶一定能走得更好。

手臂力量增強

有些寶寶已經會亂扔東西、學家人打開抽屜，或者抓東西、打人，表示他的手臂發育得有力，當然也可以自己拿奶瓶、拿碗了。

表現出更強的自我意識

寶寶除了會以哭鬧表達情緒以外，還會以跺腳、揮手等動作表達情緒上的不滿、不開心。也會以「嗯」來回應。

0
1
2
3
4
5
6
7
8
9
10
個月
11

月　日　星期　天氣

時 間	睡覺	喝奶	便便	換尿片	其他
1 :					
2 :					
3 :					
4 :					
5 :					
6 :					
7 :					
8 :					
9 :					
10 :					
11 :					
12 :					
1 :					
2 :					
3 :					
4 :					
5 :					
6 :					
7 :					
8 :					
9 :					
10 :					
11 :					
12 :					

Mama's memo

換尿片 ＿＿ 次　**Total**
喝奶（母乳或配方奶）
＿＿ 次　＿＿ c.c.
便便 ＿＿ 次

Day 2　　　　月　日　星期　天氣

時 間	睡覺	喝奶	便便	換尿片	其他
1 :					
2 :					
3 :					
4 :					
5 :					
6 :					
7 :					
8 :					
9 :					
10 :					
11 :					
12 :					
1 :					
2 :					
3 :					
4 :					
5 :					
6 :					
7 :					
8 :					
9 :					
10 :					
11 :					
12 :					

Mama's memo

換尿片 ＿＿ 次　**Total**
喝奶（母乳或配方奶）
＿＿ 次　＿＿ c.c.
便便 ＿＿ 次

ⓘ **mama&baby 小常識**

給寶寶玩具的時候，不要一次給太多，如果一次給太多種
類的玩具，會讓他很難集中注意力，甚至會造成善變、不
耐煩的性格。

Baby
的一天

Day 3

月　日　星期　天氣

時間	睡覺	喝奶	便便	換尿片	其他
1 :					
2 :					
3 :					
4 :					
5 :					
6 :					
7 :					
8 :					
9 :					
10 :					
11 :					
12 :					
1 :					
2 :					
3 :					
4 :					
5 :					
6 :					
7 :					
8 :					
9 :					
10 :					
11 :					
12 :					

Mama's memo

換尿片 ___ 次　Total
喝奶（母乳或配方奶）
___ 次 ___ c.c.
便便 ___ 次

ℹ mama&baby 小常識

這時的寶寶容易對很多生活中常見，而且以前都不會怕的東西感到恐懼，這是自然的發展現象。因為剛出生的寶寶沒有自我意識，後來知道自己的存在，接著才慢慢開始探索生活環境，所以很多東西對他來說是陌生且未知的。

Day 4

月　日　星期　天氣

時間	睡覺	喝奶	便便	換尿片	其他
1 :					
2 :					
3 :					
4 :					
5 :					
6 :					
7 :					
8 :					
9 :					
10 :					
11 :					
12 :					
1 :					
2 :					
3 :					
4 :					
5 :					
6 :					
7 :					
8 :					
9 :					
10 :					
11 :					
12 :					

Mama's memo

換尿片 ___ 次　Total
喝奶（母乳或配方奶）
___ 次 ___ c.c.
便便 ___ 次

Baby
的一天

0
1
2
3
4
5
6
7
8
9
10
個月
11

10個月 第2週 Day 5

月　日　星期　天氣

時間	睡覺	喝奶	便便	換尿片	其他
1 :					
2 :					
3 :					
4 :					
5 :					
6 :					
7 :					
8 :					
9 :					
10 :					
11 :					
12 :					
1 :					
2 :					
3 :					
4 :					
5 :					
6 :					
7 :					
8 :					
9 :					
10 :					
11 :					
12 :					

Mama's memo

換尿片 ___ 次　Total
喝奶（母乳或配方奶）
___ 次 ___ c.c.
便便 ___ 次

Day 6

月　日　星期　天氣

時間	睡覺	喝奶	便便	換尿片	其他
1 :					
2 :					
3 :					
4 :					
5 :					
6 :					
7 :					
8 :					
9 :					
10 :					
11 :					
12 :					
1 :					
2 :					
3 :					
4 :					
5 :					
6 :					
7 :					
8 :					
9 :					
10 :					
11 :					
12 :					

Mama's memo

換尿片 ___ 次　Total
喝奶（母乳或配方奶）
___ 次 ___ c.c.
便便 ___ 次

0　1　2　3　4　5　6　7　8　9　10 個月　11

ℹ mama&baby 小常識

10個月大的寶寶非常好動，一刻也靜不下來，只要眼睛睜開就會一直亂動，可能會想到處爬，或是扶著桌椅站起來活動。媽咪或家人要特別留意他的安全，以免跌倒受傷。

Baby
的一天

Day 7

月　日　星期　天氣
Mama's memo

時間	睡覺	喝奶	便便	換尿片	其他
1:					
2:					
3:					
4:					
5:					
6:					
7:					
8:					
9:					
10:					
11:					
12:					
1:					
2:					
3:					
4:					
5:					
6:					
7:					
8:					
9:					
10:					
11:					
12:					

Total
換尿片 ▢ 次
喝奶（母乳或配方奶）
▢ 次 ▢ c.c.
便便 ▢ 次

ℹ mama&baby 小常識

如果必須把寶寶托給保母照顧的話，首先媽咪要表現出很喜歡保母的樣子，寶寶會比較放心。如果可能的話，可以先請保母到家裡來，讓寶寶早點和保母熟悉。

育兒生活大補帖
Baby Tips

給寶寶嘗嘗這些副食品！
寶寶食物的種類慢慢增加了，讓他可以從各種食物中攝取到其他養分。

起司馬鈴薯泥

材料：
中型馬鈴薯 1/2 個、母奶或配方奶 2 匙、起司 1/3 片
做法：
1. 馬鈴薯洗淨切丁。
2. 將馬鈴薯煮軟，然後壓碎成泥。
3. 起司切成長寬都是 0.5 公分的小丁。
4. 將 2 匙（附在米粉或麥粉罐中的專用匙）母奶或配方奶加入壓碎的馬鈴薯中拌勻。
5. 將起司放入馬鈴薯泥中，充分拌勻。
6. 放入容器中，可壓成可愛的形狀喔！

蒸豆腐蔬菜蛋黃

材料：
豆腐 20 克、花椰菜 5 克、胡蘿蔔 5 克、蛋黃 1 個、母奶或配方奶 1 匙
做法：
1. 豆腐放入滾水中汆燙，撈出瀝乾。胡蘿蔔煮軟，然後壓碎成泥。
2. 花椰菜取花的部分，放入滾水中汆燙，撈出。
3. 將蛋黃和 1 匙（附在米粉或麥粉罐中的專用匙）母奶或配方奶拌勻。
4. 將所有材料都裝入容器中。
5. 蒸鍋中的水煮滾，放入容器，轉小火再蒸 10 ～ 15 分鐘。

0
1
2
3
4
5
6
7
8
9
10
個月
11

10個月 第3週 *Day 1*

| 月 | 日 | 星期 | 天氣 |

時間	睡覺	喝奶	便便	換尿片	其他
1:					
2:					
3:					
4:					
5:					
6:					
7:					
8:					
9:					
10:					
11:					
12:					
1:					
2:					
3:					
4:					
5:					
6:					
7:					
8:					
9:					
10:					
11:					
12:					

Mama's memo

換尿片 ___ 次　Total
喝奶（母乳或配方奶）
　___ 次 ___ c.c.
便便 ___ 次

Day 2

| 月 | 日 | 星期 | 天氣 |

時間	睡覺	喝奶	便便	換尿片	其他
1:					
2:					
3:					
4:					
5:					
6:					
7:					
8:					
9:					
10:					
11:					
12:					
1:					
2:					
3:					
4:					
5:					
6:					
7:					
8:					
9:					
10:					
11:					
12:					

Mama's memo

換尿片 ___ 次　Total
喝奶（母乳或配方奶）
　___ 次 ___ c.c.
便便 ___ 次

0 1 2 3 4 5 6 7 8 9 **10** 個月 11

ℹ️ mama&baby 小常識

把寶寶托在保母家時，不要偷偷溜走，也不要等寶寶哭完才說再見，要讓他習慣簡短的道別，這對他的情緒發展很重要。但要注意，如果和寶寶說 bye-bye 了，要頭也不回的立刻離開，讓他自然熟悉和保母相處。

Baby
的一天

Day 3

月　日　星期　天氣

時間	睡覺	喝奶	便便	換尿片	其他
1 :					
2 :					
3 :					
4 :					
5 :					
6 :					
7 :					
8 :					
9 :					
10 :					
11 :					
12 :					
1 :					
2 :					
3 :					
4 :					
5 :					
6 :					
7 :					
8 :					
9 :					
10 :					
11 :					
12 :					

Mama's memo

換尿片 ___ 次　Total
喝奶（母乳或配方奶）
___ 次 ___ c.c.
便便 ___ 次

Day 4

月　日　星期　天氣

時間	睡覺	喝奶	便便	換尿片	其他
1 :					
2 :					
3 :					
4 :					
5 :					
6 :					
7 :					
8 :					
9 :					
10 :					
11 :					
12 :					
1 :					
2 :					
3 :					
4 :					
5 :					
6 :					
7 :					
8 :					
9 :					
10 :					
11 :					
12 :					

Mama's memo

換尿片 ___ 次　Total
喝奶（母乳或配方奶）
___ 次 ___ c.c.
便便 ___ 次

ℹ mama&baby 小常識

寶寶目前一天要吃三餐副食品，可以配合大人的用餐時間
一起食用，這樣可以建立更規律的用餐時間和習慣。如果
怕寶寶餓的話，也可以在餐與餐中替寶寶準備一些不會吃
太撐的小零嘴。

Baby
的一天

0
1
2
3
4
5
6
7
8
9
10
個月
11

10個月 第3週 *Day 5*

時間	睡覺	喝奶	便便	換尿片	其他
1：					
2：					
3：					
4：					
5：					
6：					
7：					
8：					
9：					
10：					
11：					
12：					
1：					
2：					
3：					
4：					
5：					
6：					
7：					
8：					
9：					
10：					
11：					
12：					

Mama's memo

換尿片 ___ 次 Total
喝奶（母乳或配方奶）
___ 次 ___ c.c.
便便 ___ 次

Day 6

時間	睡覺	喝奶	便便	換尿片	其他
1：					
2：					
3：					
4：					
5：					
6：					
7：					
8：					
9：					
10：					
11：					
12：					
1：					
2：					
3：					
4：					
5：					
6：					
7：					
8：					
9：					
10：					
11：					
12：					

Mama's memo

換尿片 ___ 次 Total
喝奶（母乳或配方奶）
___ 次 ___ c.c.
便便 ___ 次

0 1 2 3 4 5 6 7 8 9 **10** 個月 11

ⓘ mama&baby 小常識

寶寶知道怎麼用牙齒把食物咬斷了，不過還不會咀嚼，只會蠕動牙齒而已。可以給寶寶吃塊狀的食物，但還是要切小塊，不要給太大塊的食物，以免有噎到的危險。

Baby 的一天

Day 7

月　日　星期　天氣

Mama's memo

時間	睡覺	喝奶	便便	換尿片	其他
1:					
2:					
3:					
4:					
5:					
6:					
7:					
8:					
9:					
10:					
11:					
12:					
1:					
2:					
3:					
4:					
5:					
6:					
7:					
8:					
9:					
10:					
11:					
12:					

換尿片 ____ 次　**Total**
喝奶（母乳或配方奶）
____ 次 ____ c.c.
便便 ____ 次

ⓘ mama&baby 小常識

如果爸比、媽咪之前都是用可愛的語氣或寶寶用語講話，這時候要改過來囉！因為這時期的寶寶會觀察媽咪的嘴型學說話，加上舌頭本來就還沒發育成熟，沒辦法像大人那樣發音，用正確發音才能培養寶寶好的語言習慣。

育兒生活大補帖
Baby Tips

給寶寶嘗嘗這些副食品！
自製果醬既新鮮，又能確保食材乾淨。比起一般製作果醬，這裡加入的糖分量較少，減低了甜味，避免寶寶太早接近甜味食物而不吃其他東西。自製果醬可搭配小片麵包食用。

草莓果醬
材料：
草莓 600 克、冰糖 200 克
做法：
1. 草莓去掉蒂頭，洗淨後瀝乾。
2. 將草莓和冰糖放入鍋中，以中小火煮到開始沸騰，如果泡沫太多，轉小火續煮，一直煮到材料呈現黏稠且收汁的狀態，關火。

陳皮水梨醬
材料：
去皮去籽高山水梨 600 克、陳皮 1 大匙、冰糖 100 克
做法：
1. 水梨去皮去籽後切小丁。
2. 將水梨、陳皮和冰糖放入鍋中，以中小火煮到開始沸騰，如果泡沫太多，轉小火續煮，一直煮到材料呈現黏稠且收汁的狀態，關火。
3. 因陳皮本身有甜味，所以冰糖不需加入太多。

0
1
2
3
4
5
6
7
8
9
10
個月
11

10個月 第4週 *Day 1*

月　日　星期　天氣

時間	睡覺	喝奶	便便	換尿片	其他
1:					
2:					
3:					
4:					
5:					
6:					
7:					
8:					
9:					
10:					
11:					
12:					
1:					
2:					
3:					
4:					
5:					
6:					
7:					
8:					
9:					
10:					
11:					
12:					

Mama's memo

換尿片　　　次　Total
喝奶（母乳或配方奶）
　　　次　　　c.c.
便便　　　次

Day 2

月　日　星期　天氣

時間	睡覺	喝奶	便便	換尿片	其他
1:					
2:					
3:					
4:					
5:					
6:					
7:					
8:					
9:					
10:					
11:					
12:					
1:					
2:					
3:					
4:					
5:					
6:					
7:					
8:					
9:					
10:					
11:					
12:					

Mama's memo

換尿片　　　次　Total
喝奶（母乳或配方奶）
　　　次　　　c.c.
便便　　　次

ⓘ mama&baby 小常識

出生後 10 個月，寶寶的認知能力發展很快，這時候可以玩
聽聲取物的遊戲。在他面前放幾個玩具然後要他拿，拿對
的話別忘記誇獎寶寶，拿錯的話，媽咪就跟寶寶一起玩。
一面跟他介紹玩具的特徵，寶寶很快就會分辨了。

Baby
的一天

0
1
2
3
4
5
6
7
8
9
10
個月
11

Day 3　　| 月　日　星期　天氣 |

時間	睡覺	喝奶	便便	換尿片	其他
1：					
2：					
3：					
4：					
5：					
6：					
7：					
8：					
9：					
10：					
11：					
12：					
1：					
2：					
3：					
4：					
5：					
6：					
7：					
8：					
9：					
10：					
11：					
12：					

Mama's memo

換尿片 ☐ 次　Total
喝奶（母乳或配方奶）
☐ 次 ☐ c.c.
便便 ☐ 次

ℹ mama&baby 小常識

寶寶扶住東西就可以站，甚至有人扶持就可以搖搖晃晃的走了，所以最好可以在家中替他準備一個空曠平坦的遊樂區。此外，家裡的家具也都要固定好，以免寶寶一不小心碰撞或被砸傷。

Day 4　　| 月　日　星期　天氣 |

時間	睡覺	喝奶	便便	換尿片	其他
1：					
2：					
3：					
4：					
5：					
6：					
7：					
8：					
9：					
10：					
11：					
12：					
1：					
2：					
3：					
4：					
5：					
6：					
7：					
8：					
9：					
10：					
11：					
12：					

Mama's memo

換尿片 ☐ 次　Total
喝奶（母乳或配方奶）
☐ 次 ☐ c.c.
便便 ☐ 次

Baby 的一天

0
1
2
3
4
5
6
7
8
9
10
個月
11

10個月 第4週 *Day 5*

月　日　星期　天氣

時間	睡覺	喝奶	便便	換尿片	其他
1 :					
2 :					
3 :					
4 :					
5 :					
6 :					
7 :					
8 :					
9 :					
10 :					
11 :					
12 :					
1 :					
2 :					
3 :					
4 :					
5 :					
6 :					
7 :					
8 :					
9 :					
10 :					
11 :					
12 :					

Mama's memo

換尿片 □ 次　Total
喝奶（母乳或配方奶）
□ 次　□ c.c.
便便 □ 次

Day 6

月　日　星期　天氣

時間	睡覺	喝奶	便便	換尿片	其他
1 :					
2 :					
3 :					
4 :					
5 :					
6 :					
7 :					
8 :					
9 :					
10 :					
11 :					
12 :					
1 :					
2 :					
3 :					
4 :					
5 :					
6 :					
7 :					
8 :					
9 :					
10 :					
11 :					
12 :					

Mama's memo

換尿片 □ 次　Total
喝奶（母乳或配方奶）
□ 次　□ c.c.
便便 □ 次

ℹ mama&baby 小常識

有句話說「江山易改，本性難移」，出生後 10 個月，就是可以看出寶寶天生個性的時候了。有的寶寶比較固執，有的則比較謹慎，要針對不同的個性，採取不同的管教方式。

Baby 的一天

Day 7

| 月 | 日 | 星期 | 天氣 |

時間	睡覺	喝奶	便便	換尿片	其他
1：					
2：					
3：					
4：					
5：					
6：					
7：					
8：					
9：					
10：					
11：					
12：					
1：					
2：					
3：					
4：					
5：					
6：					
7：					
8：					
9：					
10：					
11：					
12：					

Mama's memo

換尿片 ___ 次　Total
喝奶（母乳或配方奶）
___ 次 ___ c.c.
便便 ___ 次

ℹ mama&baby 小常識
寶寶學會走路後，外出的時間變多了，需準備一雙適合的鞋子。有些人為了讓寶寶能穿久一點，會買較大尺寸的鞋子，這是錯誤的。選購時，應該以正確尺寸，以及好穿、易脫且容易行走的材質為佳。

育兒生活大補帖
Baby Tips

幫寶寶刷刷牙
寶寶已經長了乳牙，乳牙雖不是永久齒，但如果沒有好好清潔，導致蛀牙、牙齦發炎等，都會影響到未來永久齒的形成。一天中避免讓寶寶吃太多甜點、媽咪固定幫寶寶刷牙，維持牙齒乾淨。那該如何幫寶寶刷牙呢？

仰躺在媽咪膝蓋上
可以讓寶寶仰躺在媽咪的膝蓋上，再慢慢清洗。

選擇牙刷
建議使用刷毛較短，專門的嬰幼兒牙刷。刷毛太長反而會清不乾淨牙齒的髒東西。

牙刷的角度
牙刷毛的部分接觸到牙齦，以 45 度角為佳，輕輕刷，不可太過用力。

刷牙的動作
手持牙刷輕輕一點一點地、左右來回慢慢刷，將每個部分刷乾淨。刷完牙之後可以讓寶寶以清水漱漱口。

0　1　2　3　4　5　6　7　8　9　**10** 個月　11

Day 1

月 日 星期 天氣

時間	睡覺	喝奶	便便	換尿片	其他	Mama's memo
1 :						
2 :						
3 :						
4 :						
5 :						
6 :						
7 :						
8 :						
9 :						
10 :						
11 :						
12 :						
1 :						
2 :						
3 :						
4 :						
5 :						
6 :						
7 :						
8 :						
9 :						
10 :						
11 :						
12 :						

Baby 的一天

換尿片 ☐ 次　Total
喝奶（母乳或配方奶）
☐ 次　☐ c.c.
便便 ☐ 次

Day 2

月 日 星期 天氣

時間	睡覺	喝奶	便便	換尿片	其他	Mama's memo
1 :						
2 :						
3 :						
4 :						
5 :						
6 :						
7 :						
8 :						
9 :						
10 :						
11 :						
12 :						
1 :						
2 :						
3 :						
4 :						
5 :						
6 :						
7 :						
8 :						
9 :						
10 :						
11 :						
12 :						

換尿片 ☐ 次　Total
喝奶（母乳或配方奶）
☐ 次　☐ c.c.
便便 ☐ 次

Day 3

月 日 星期 天氣

時間	睡覺	喝奶	便便	換尿片	其他	Mama's memo
1 :						
2 :						
3 :						
4 :						
5 :						
6 :						
7 :						
8 :						
9 :						
10 :						
11 :						
12 :						
1 :						
2 :						
3 :						
4 :						
5 :						
6 :						
7 :						
8 :						
9 :						
10 :						
11 :						
12 :						

換尿片 ☐ 次　Total
喝奶（母乳或配方奶）
☐ 次　☐ c.c.
便便 ☐ 次

0　1　2　3　4　5　6　7　8　9　10 個月　11

滿 11 個月
Baby 11 Months

彷彿昨天才呱呱落地的寶寶，
快要滿 1 歲了。
爸比、媽咪替你許了一個生日願望，
希望你頭好壯壯，
無憂、快樂的長大。

寶寶諺語

「當父母要瘋三年。」這句台語諺語，是指爸比、媽咪在和寶寶互動時，聲音、動作都必須比平日來得誇張，讓寶寶可以藉由觀察、模仿而達到學習喔！

11個月 第1週 *Day 1*

月　日　星期　天氣

時間	睡覺	喝奶	便便	換尿片	其他
1：					
2：					
3：					
4：					
5：					
6：					
7：					
8：					
9：					
10：					
11：					
12：					
1：					
2：					
3：					
4：					
5：					
6：					
7：					
8：					
9：					
10：					
11：					
12：					

Mama's memo

換尿片 ___次　Total
喝奶（母乳或配方奶）
___次 ___ c.c.
便便 ___次

Day 2

月　日　星期　天氣

時間	睡覺	喝奶	便便	換尿片	其他
1：					
2：					
3：					
4：					
5：					
6：					
7：					
8：					
9：					
10：					
11：					
12：					
1：					
2：					
3：					
4：					
5：					
6：					
7：					
8：					
9：					
10：					
11：					
12：					

Mama's memo

換尿片 ___次　Total
喝奶（母乳或配方奶）
___次 ___ c.c.
便便 ___次

ℹ mama&baby 小常識

寶寶已經會區別喜歡和討厭的味道，這也意味著寶寶會開始偏食。不過對於食物本身還沒有偏見，所以媽咪可以嘗試用不同的調理法料理，讓他嘗試不同的口感，以後才不會偏食。

Baby 的一天

Day 3

時間	睡覺	喝奶	便便	換尿片	其他
1：					
2：					
3：					
4：					
5：					
6：					
7：					
8：					
9：					
10：					
11：					
12：					
1：					
2：					
3：					
4：					
5：					
6：					
7：					
8：					
9：					
10：					
11：					
12：					

Mama's memo

換尿片 ___ 次　Total
喝奶（母乳或配方奶）
___ 次 ___ c.c.
便便 ___ 次

Day 4

時間	睡覺	喝奶	便便	換尿片	其他
1：					
2：					
3：					
4：					
5：					
6：					
7：					
8：					
9：					
10：					
11：					
12：					
1：					
2：					
3：					
4：					
5：					
6：					
7：					
8：					
9：					
10：					
11：					
12：					

Mama's memo

換尿片 ___ 次　Total
喝奶（母乳或配方奶）
___ 次 ___ c.c.
便便 ___ 次

ⓘ mama&baby 小常識

有些寶寶已經可以自己吃飯了，這表示手眼協調和手臂的活動力變好。但同時寶寶也變得更頑皮，會喜歡把東西抓起來亂丟。爸比、媽咪要有耐心，溫和但堅定的糾正他。

Baby 的一天

0 1 2 3 4 5 6 7 8 9 10 **11** 個月

11個月 第1週 *Day 5*

月　日　星期　天氣

時間	睡覺	喝奶	便便	換尿片	其他
1:					
2:					
3:					
4:					
5:					
6:					
7:					
8:					
9:					
10:					
11:					
12:					
1:					
2:					
3:					
4:					
5:					
6:					
7:					
8:					
9:					
10:					
11:					
12:					

Mama's memo

換尿片 ☐ 次　**Total**
喝奶（母乳或配方奶）
☐ 次 ☐ c.c.
便便 ☐ 次

Day 6

月　日　星期　天氣

時間	睡覺	喝奶	便便	換尿片	其他
1:					
2:					
3:					
4:					
5:					
6:					
7:					
8:					
9:					
10:					
11:					
12:					
1:					
2:					
3:					
4:					
5:					
6:					
7:					
8:					
9:					
10:					
11:					
12:					

Mama's memo

換尿片 ☐ 次　**Total**
喝奶（母乳或配方奶）
☐ 次 ☐ c.c.
便便 ☐ 次

ⓘ mama&baby 小常識

11 個月大的寶寶開始很有自我主張，如果事情不順他的意，就會大聲哭鬧。有的寶寶甚至會坐在地，或是亂踢腳，也懂得察言觀色。

Baby
的一天

Day 7

月　日　星期　天氣

時間	睡覺	喝奶	便便	換尿片	其他
1:					
2:					
3:					
4:					
5:					
6:					
7:					
8:					
9:					
10:					
11:					
12:					
1:					
2:					
3:					
4:					
5:					
6:					
7:					
8:					
9:					
10:					
11:					
12:					

Mama's memo

換尿片 ⬚ 次　**Total**
喝奶（母乳或配方奶）
⬚ 次 ⬚ c.c.
便便 ⬚ 次

ⓘ mama&baby 小常識

寶寶會很關心把東西丟出去之後的狀況，或是搖東西發出的聲音，不要完全禁止他的行動，不然會削減他的好奇心和求知慾。這時候的寶寶已經聽得懂「不行」的意思，適當的制止他就行了。

育兒生活大補帖
Baby Tips

出生 11 個月～滿 1 歲寶寶的特徵

寶寶快滿周歲了，可以邊由家人牽著慢慢走路、養成在固定的時間睡覺的作息，也能慢慢聽懂家人說的話了。體型上，從圓滾滾變得比較修長。

學走路

寶寶可以經由家人牽著，或是學步車的力量慢慢學習走路。有些寶寶在快滿周歲時，已經可以走出好幾步路了。走路也可以反應出寶寶的性格，謹慎的寶寶會慢慢踏出一步，但無論如何，都需要家人的幫助和鼓勵，讓他更有自信。

睡覺的時間固定

這時的寶寶睡覺的時間和大人差不多，白天和晚上都有固定的睡覺時間，對家人來說，照顧上比較輕鬆。所以，養成寶寶規律的生活非常重要。

身型較苗條、細長

雖然每個寶寶的發展有差異，但大致上來說，體重約為出生時的 3 倍，身高約為出生時的 1.5 倍。體型偏向細長，不再圓滾滾的。

理解大人說的話

對於爸比、媽咪說的某些話，已經能瞭解意思。像「把襪子拿起來」、「這個不可以」、「吃點心囉」或是「爸比要出門囉，親一個」等等，都能知道含意且做出適當的回應。

11個月 第2週 *Day 1*

月　日　星期　天氣

時間	睡覺	喝奶	便便	換尿片	其他
1：					
2：					
3：					
4：					
5：					
6：					
7：					
8：					
9：					
10：					
11：					
12：					
1：					
2：					
3：					
4：					
5：					
6：					
7：					
8：					
9：					
10：					
11：					
12：					

Mama's memo

換尿片 ☐ 次　Total
喝奶（母乳或配方奶）
☐ 次 ☐ c.c.
便便 ☐ 次

Day 2

月　日　星期　天氣

時間	睡覺	喝奶	便便	換尿片	其他
1：					
2：					
3：					
4：					
5：					
6：					
7：					
8：					
9：					
10：					
11：					
12：					
1：					
2：					
3：					
4：					
5：					
6：					
7：					
8：					
9：					
10：					
11：					
12：					

Mama's memo

換尿片 ☐ 次　Total
喝奶（母乳或配方奶）
☐ 次 ☐ c.c.
便便 ☐ 次

ℹ mama&baby 小常識

寶寶除了可以聽懂一些基本的語詞之外，經由爸比、媽咪的教導，也會做一些像是豎起一隻手指頭，表示自己1歲的示意動作囉！

Baby 的一天

Day 3

月　日　星期　天氣

時 間	睡覺	喝奶	便便	換尿片	其他
1：					
2：					
3：					
4：					
5：					
6：					
7：					
8：					
9：					
10：					
11：					
12：					
1：					
2：					
3：					
4：					
5：					
6：					
7：					
8：					
9：					
10：					
11：					
12：					

Mama's memo

換尿片 ___ 次　**Total**
喝奶（母乳或配方奶）
___ 次 ___ c.c.
便便 ___ 次

Day 4

月　日　星期　天氣

時 間	睡覺	喝奶	便便	換尿片	其他
1：					
2：					
3：					
4：					
5：					
6：					
7：					
8：					
9：					
10：					
11：					
12：					
1：					
2：					
3：					
4：					
5：					
6：					
7：					
8：					
9：					
10：					
11：					
12：					

Mama's memo

換尿片 ___ 次　**Total**
喝奶（母乳或配方奶）
___ 次 ___ c.c.
便便 ___ 次

ⓘ mama&baby 小常識

寶寶手指的運動更發達，很喜歡去拉衣櫃、抽屜，甚至力氣也變大，喜歡去亂拉亂扯。媽咪一定要注意家裡環境的安全，除了危險東西要放在寶寶搆不到的地方之外，家具也都要固定好。

Baby 的一天

0
1
2
3
4
5
6
7
8
9
10
11
個月

11個月 第2週 *Day 5*

月　日　星期　天氣

時間	睡覺	喝奶	便便	換尿片	其他
1:					
2:					
3:					
4:					
5:					
6:					
7:					
8:					
9:					
10:					
11:					
12:					
1:					
2:					
3:					
4:					
5:					
6:					
7:					
8:					
9:					
10:					
11:					
12:					

Mama's memo

換尿片 □ 次　Total
喝奶（母乳或配方奶）
□ 次 □ c.c.
便便 □ 次

ℹ mama&baby 小常識

通常 11 個月大的寶寶白天會小睡 2 次，一次大約是 1.5 ～ 2 小時，加上夜晚的睡眠時間，一天要睡到 14 ～ 16 小時。建議白天不要讓他睡太多，不然晚上會睡不著，影響到以後的生活作息。

Day 6

月　日　星期　天氣

時間	睡覺	喝奶	便便	換尿片	其他
1:					
2:					
3:					
4:					
5:					
6:					
7:					
8:					
9:					
10:					
11:					
12:					
1:					
2:					
3:					
4:					
5:					
6:					
7:					
8:					
9:					
10:					
11:					
12:					

Mama's memo

換尿片 □ 次　Total
喝奶（母乳或配方奶）
□ 次 □ c.c.
便便 □ 次

Baby 的一天

Day 7

時間	睡覺	喝奶	便便	換尿片	其他
1:					
2:					
3:					
4:					
5:					
6:					
7:					
8:					
9:					
10:					
11:					
12:					
1:					
2:					
3:					
4:					
5:					
6:					
7:					
8:					
9:					
10:					
11:					
12:					

月　日　星期　天氣

Mama's memo

換尿片 ▢ 次　Total
喝奶（母乳或配方奶）
▢ 次　▢ c.c.
便便 ▢ 次

ℹ mama&baby 小常識

寶寶開始學走路了，可能走沒幾步就會跌倒，如果媽咪很擔心或是慌張的跑過來，寶寶會以為自己做錯了什麼而大哭起來。這時候不妨忽略他一下，等他自己爬起來再誇獎他，寶寶就會愈挫愈勇學走路。

育兒生活大補帖
Baby Tips

給寶寶嘗嘗這些副食品！
讓寶寶來點甜點吧！看寶寶開心吃著媽咪親手製作的愛心布丁，再辛苦也值得。

香蕉布丁

材料：
香蕉 100 克、檸檬汁少許、鳳梨汁 100c.c.、配方奶 100c.c.、吉利丁 2 片

做法：
1. 香蕉剝除外皮，淋上檸檬汁後搗成泥，與鳳梨汁、配方奶拌勻。
2. 吉利丁泡冷水軟化，直接放入鍋中，以小火加熱融化，再把香蕉泥倒入鍋中，和吉利丁混合拌勻成布丁液。
3. 將布丁液倒入容器中，待涼放入冰箱冷藏至凝結即成。

芝麻布丁

材料：
芝麻粉 30 克、玉米粉 15 克、配方奶 400c.c.、果糖或葡萄糖 100 克、吉利丁 3 片

做法：
1. 吉利丁放入冷水中泡軟，取出擠乾。
2. 將芝麻粉、玉米粉、配方奶和糖放入果汁機中拌勻，再倒入鍋中以小火煮至沸騰，煮時需不停攪拌，沸騰後加入吉利丁拌溶成布丁液。
3. 將布丁液倒入容器中，待涼放入冰箱冷藏至凝結即成。

0
1
2
3
4
5
6
7
8
9
10
11 個月

11 個月 第 3 週 *Day 1*

月　日　星期　天氣

時間	睡覺	喝奶	便便	換尿片	其他
1：					
2：					
3：					
4：					
5：					
6：					
7：					
8：					
9：					
10：					
11：					
12：					
1：					
2：					
3：					
4：					
5：					
6：					
7：					
8：					
9：					
10：					
11：					
12：					

Mama's memo

換尿片 ___ 次　**Total**
喝奶（母乳或配方奶）
___ 次 ___ c.c.
便便 ___ 次

Day 2

月　日　星期　天氣

時間	睡覺	喝奶	便便	換尿片	其他
1：					
2：					
3：					
4：					
5：					
6：					
7：					
8：					
9：					
10：					
11：					
12：					
1：					
2：					
3：					
4：					
5：					
6：					
7：					
8：					
9：					
10：					
11：					
12：					

Mama's memo

換尿片 ___ 次　**Total**
喝奶（母乳或配方奶）
___ 次 ___ c.c.
便便 ___ 次

ⓘ mama&baby 小常識

寶寶開始有記憶力了，見過面的人過了兩、三天後還記得，也認得爸比、媽咪以外的熟人的臉了。看到爸比要出門上班的時候，可能會哭著想要跟。

Baby 的一天

Day 3

月　日　星期　天氣

時 間	睡覺	喝奶	便便	換尿片	其他
1 :					
2 :					
3 :					
4 :					
5 :					
6 :					
7 :					
8 :					
9 :					
10 :					
11 :					
12 :					
1 :					
2 :					
3 :					
4 :					
5 :					
6 :					
7 :					
8 :					
9 :					
10 :					
11 :					
12 :					

Mama's memo

換尿片 ▢ 次　Total
喝奶（母乳或配方奶）
▢ 次 ▢ c.c.
便便 ▢ 次

Day 4

月　日　星期　天氣

時 間	睡覺	喝奶	便便	換尿片	其他
1 :					
2 :					
3 :					
4 :					
5 :					
6 :					
7 :					
8 :					
9 :					
10 :					
11 :					
12 :					
1 :					
2 :					
3 :					
4 :					
5 :					
6 :					
7 :					
8 :					
9 :					
10 :					
11 :					
12 :					

Mama's memo

換尿片 ▢ 次　Total
喝奶（母乳或配方奶）
▢ 次 ▢ c.c.
便便 ▢ 次

ℹ mama&baby 小常識

這時的寶寶一天要吃 3 次，上午和下午還可以再各吃 1 次
點心。媽咪可不能因為寶寶露出可憐的表情或耍賴想吃奶
就妥協，不然要斷奶會很難。

Baby
的一天

0
1
2
3
4
5
6
7
8
9
10
11
個月

月　日　星期　天氣

時間	睡覺	喝奶	便便	換尿片	其他
1：					
2：					
3：					
4：					
5：					
6：					
7：					
8：					
9：					
10：					
11：					
12：					
1：					
2：					
3：					
4：					
5：					
6：					
7：					
8：					
9：					
10：					
11：					
12：					

Mama's memo

換尿片 ____ 次　Total
喝奶（母乳或配方奶）
____ 次 ____ c.c.
便便 ____ 次

Day 6

月　日　星期　天氣

時間	睡覺	喝奶	便便	換尿片	其他
1：					
2：					
3：					
4：					
5：					
6：					
7：					
8：					
9：					
10：					
11：					
12：					
1：					
2：					
3：					
4：					
5：					
6：					
7：					
8：					
9：					
10：					
11：					
12：					

Mama's memo

換尿片 ____ 次　Total
喝奶（母乳或配方奶）
____ 次 ____ c.c.
便便 ____ 次

0 1 2 3 4 5 6 7 8 9 10 **11** 個月

ℹ mama&baby 小常識

如果看到寶寶走得歪歪扭扭，媽咪想要伸出援手卻被拒絕
的時候，不要太傷心，也不用緊張，寶寶並不是真的拒絕，
只是因為學會走路讓他太興奮了。所以媽咪也不用堅持硬
要幫他，讓他自己嘗試吧！

Baby
的一天

Day 7

時間	睡覺	喝奶	便便	換尿片	其他
1：					
2：					
3：					
4：					
5：					
6：					
7：					
8：					
9：					
10：					
11：					
12：					
1：					
2：					
3：					
4：					
5：					
6：					
7：					
8：					
9：					
10：					
11：					
12：					

月　日　星期　天氣

Mama's memo

換尿片 ___ 次　**Total**
喝奶（母乳或配方奶）
___ 次 ___ c.c.
便便 ___ 次

ℹ️ mama&baby 小常識

要開始幫寶寶訂規矩了，因為他會自己去嘗試探索，所以媽咪要幫他訂一套規範，引導他往正確的方向，但也不需要太嚴格、什麼都禁。如果老是跟寶寶說這個不行、那個不准，他可能會因此減低好奇心，或變得更無法無天。

育兒生活大補帖
Baby Tips

給寶寶嘗嘗這些副食品！
洋蔥、牛肉、花椰菜、蘋果等，都是營養價值極高的食材。巧手搭配各種食材，讓親愛的寶貝吃得美味又營養。

洋蔥蕃茄牛肉湯

材料：
牛絞肉 100 克、洋蔥 65 克、大蕃茄 1 顆、薑 2 片、水 600c.c.

做法：
1. 牛肉洗淨後擠掉水分。洋蔥去皮後切小塊。蕃茄切成 4 等分後再去籽。
2. 將牛肉放入滾水中燙除血水，撈起再用開水沖洗乾淨。
3. 將 600c.c. 水、薑片、洋蔥、蕃茄放入鍋中，煮至沸騰，再加入牛肉續煮至熟軟，關火。
4. 待稍微變涼，把湯汁放入果汁機中打成濃湯糊即成。

花椰菜濃湯

材料：
花椰菜 150 克、蘋果 50 克、豆腐 50 克、高湯或水 2 碗

做法：
1. 花椰菜洗淨，放入滾水中汆燙，撈出浸泡冰水。
2. 將花椰菜切碎，和所有材料都放入果汁機中攪打成糊。
3. 將糊舀入小湯鍋內，以小火加熱至沸騰，關火。

0
1
2
3
4
5
6
7
8
9
10
11
個月

11個月 第4週 *Day 1*

月　日　星期　天氣

時間	睡覺	喝奶	便便	換尿片	其他
1:					
2:					
3:					
4:					
5:					
6:					
7:					
8:					
9:					
10:					
11:					
12:					
1:					
2:					
3:					
4:					
5:					
6:					
7:					
8:					
9:					
10:					
11:					
12:					

Mama's memo

換尿片 ___ 次　**Total**
喝奶（母乳或配方奶）
___ 次　___ c.c.
便便 ___ 次

Day 2

月　日　星期　天氣

時間	睡覺	喝奶	便便	換尿片	其他
1:					
2:					
3:					
4:					
5:					
6:					
7:					
8:					
9:					
10:					
11:					
12:					
1:					
2:					
3:					
4:					
5:					
6:					
7:					
8:					
9:					
10:					
11:					
12:					

Mama's memo

換尿片 ___ 次　**Total**
喝奶（母乳或配方奶）
___ 次　___ c.c.
便便 ___ 次

ℹ️ mama&baby 小常識

媽咪可以利用常見的東西讓寶寶做選擇，例如要吃飯時，給寶寶一支小湯匙和一支小叉子，讓寶寶選一個，或是出門時問他要穿襪子還是手套，可以增進他的認知能力。

Baby
的一天

Day 3

時間	睡覺	喝奶	便便	換尿片	其他
1：					
2：					
3：					
4：					
5：					
6：					
7：					
8：					
9：					
10：					
11：					
12：					
1：					
2：					
3：					
4：					
5：					
6：					
7：					
8：					
9：					
10：					
11：					
12：					

月　日　星期　天氣

Mama's memo

換尿片 ___ 次　**Total**
喝奶（母乳或配方奶）
___ 次 ___ c.c.
便便 ___ 次

🛈 mama&baby 小常識

這個時期是建立飲食和睡眠習慣的重要時刻，吃飯時盡量營造愉快的氣氛，並且讓寶寶自己練習吃東西，就算會到處亂灑，也要鼓勵他練習、不要放棄。睡前可以唸床邊故事、聽音樂或唱催眠曲，養成寶寶獨自睡的習慣。

Day 4

時間	睡覺	喝奶	便便	換尿片	其他
1：					
2：					
3：					
4：					
5：					
6：					
7：					
8：					
9：					
10：					
11：					
12：					
1：					
2：					
3：					
4：					
5：					
6：					
7：					
8：					
9：					
10：					
11：					
12：					

月　日　星期　天氣

Mama's memo

換尿片 ___ 次　**Total**
喝奶（母乳或配方奶）
___ 次 ___ c.c.
便便 ___ 次

Baby 的一天

0
1
2
3
4
5
6
7
8
9
10
11
個月

11 個月 第 4 週 *Day 5*

月　日　星期　天氣

時間	睡覺	喝奶	便便	換尿片	其他
1:					
2:					
3:					
4:					
5:					
6:					
7:					
8:					
9:					
10:					
11:					
12:					
1:					
2:					
3:					
4:					
5:					
6:					
7:					
8:					
9:					
10:					
11:					
12:					

Mama's memo

換尿片 ☐ 次　Total
喝奶（母乳或配方奶）
☐ 次　☐ c.c.
便便 ☐ 次

Day 6

月　日　星期　天氣

時間	睡覺	喝奶	便便	換尿片	其他
1:					
2:					
3:					
4:					
5:					
6:					
7:					
8:					
9:					
10:					
11:					
12:					
1:					
2:					
3:					
4:					
5:					
6:					
7:					
8:					
9:					
10:					
11:					
12:					

Mama's memo

換尿片 ☐ 次　Total
喝奶（母乳或配方奶）
☐ 次　☐ c.c.
便便 ☐ 次

ℹ **mama&baby 小常識**

讓寶寶做選擇時，如果寶寶選錯了，先把選錯的給他，讓他學習錯誤，接著再讓他選一次，選對的話要稱讚他。有時寶寶會故意選錯，像用積木洗手、用叉子挖稀飯，這些錯誤讓他覺得很好玩，這時候媽咪不妨和寶寶一起笑吧！

Baby
的一天

左側數字欄：0 1 2 3 4 5 6 7 8 9 10 **11** 個月

Day 7

時間	睡覺	喝奶	便便	換尿片	其他
1:					
2:					
3:					
4:					
5:					
6:					
7:					
8:					
9:					
10:					
11:					
12:					
1:					
2:					
3:					
4:					
5:					
6:					
7:					
8:					
9:					
10:					
11:					
12:					

月　日　星期　天氣

Mama's memo

換尿片 ___ 次　**Total**
喝奶（母乳或配方奶）
___ 次　___ c.c.
便便 ___ 次

ⓘ mama&baby 小常識

給寶寶一盒蠟筆或彩色筆，讓他盡情塗鴉吧！這可以訓練手指的靈活度、培養對色彩的興趣，還能讓他探索自己的世界。媽咪可以先在圖畫紙上畫個簡單的圖形，然後塗上顏色，引起寶寶的興趣。

育兒生活大補帖 Baby Tips

讓 9 個月～滿周歲寶寶試試這些玩具！
這時期的寶寶手部很靈活、視覺和聽覺已經發展得不錯、可以推著學步車慢慢移動。可多多訓練他的腳部和手臂的大肌肉，可推、敲打、丟擲的玩具都很適合。

推車玩具
寶寶可以藉由推車或學步車慢慢移動，有些學步車上面還有會發出聲響的玩具，引誘寶寶多走幾步路。或者是買走路和坐姿兩用車，功能更齊全。

按鍵的玩具
只要用力按壓就會發出聲響或音樂的玩具，像兒童電話、小電子琴等等，都很能吸引寶寶的注意。這類玩具可以訓練聽覺、手指活動，讓寶寶的肢體更靈活。

丟擲的玩具
丟擲、投擲可以訓練寶寶的手臂肌肉。可以挑選符合手掌大小、材質軟硬適中，像保齡球組合等的玩具，訓練寶寶的肌肉和刺激腦部的發育。

敲打的物品
寶寶手部較有力以後，很喜歡敲敲打打發出聲音。除了買小鼓等敲打玩具外，像家中的不鏽鋼鍋子也可以拿來做敲擊的玩具，但記得材質以耐摔為佳。

0
1
2
3
4
5
6
7
8
9
10
11
個月

Day 1

月　日　星期　天氣						Mama's memo

時間	睡覺	喝奶	便便	換尿片	其他	
1：						
2：						
3：						
4：						
5：						
6：						
7：						
8：						
9：						
10：						
11：						
12：						
1：						
2：						
3：						
4：						
5：						
6：						
7：						
8：						
9：						
10：						
11：						
12：						

Day 2

月　日　星期　天氣						Mama's memo

時間	睡覺	喝奶	便便	換尿片	其他	
1：						
2：						
3：						
4：						
5：						
6：						
7：						
8：						
9：						
10：						
11：						
12：						
1：						
2：						
3：						
4：						
5：						
6：						
7：						
8：						
9：						
10：						
11：						
12：						

Day 3

月　日　星期　天氣						Mama's memo

時間	睡覺	喝奶	便便	換尿片	其他	
1：						
2：						
3：						
4：						
5：						
6：						
7：						
8：						
9：						
10：						
11：						
12：						
1：						
2：						
3：						
4：						
5：						
6：						
7：						
8：						
9：						
10：						
11：						
12：						

Baby 的一天

換尿片 ☐ 次　Total
喝奶（母乳或配方奶）
☐ 次 ☐ c.c.
便便 ☐ 次

換尿片 ☐ 次　Total
喝奶（母乳或配方奶）
☐ 次 ☐ c.c.
便便 ☐ 次

換尿片 ☐ 次　Total
喝奶（母乳或配方奶）
☐ 次 ☐ c.c.
便便 ☐ 次

寶寶的
點點滴滴記錄
About My Baby

將寶寶的身高、體重、就醫和長牙時間等等，
全部都完整記錄下來，
完成一本最詳盡的寶寶日記吧！

寶寶的身高成長曲線表 （0 個月～1 歲）

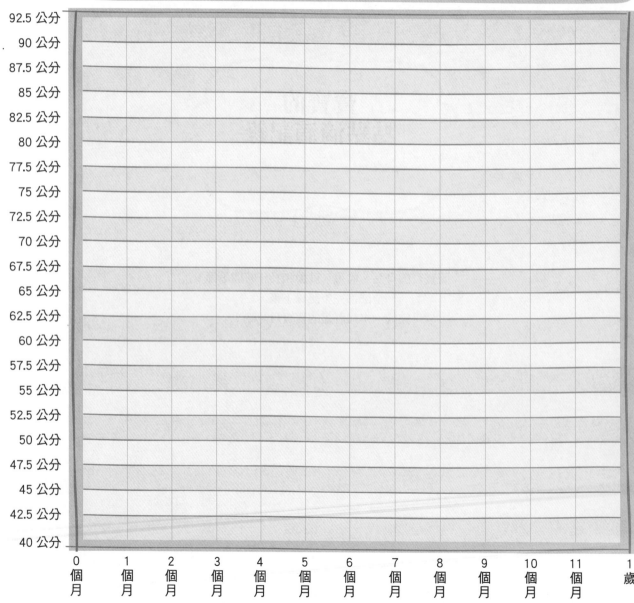

	0個月	1個月	2個月	3個月	4個月	5個月	6個月	7個月	8個月	9個月	10個月	11個月	1歲

92.5 公分
90 公分
87.5 公分
85 公分
82.5 公分
80 公分
77.5 公分
75 公分
72.5 公分
70 公分
67.5 公分
65 公分
62.5 公分
60 公分
57.5 公分
55 公分
52.5 公分
50 公分
47.5 公分
45 公分
42.5 公分
40 公分

寶寶的體重成長曲線表 （0 個月～1 歲）

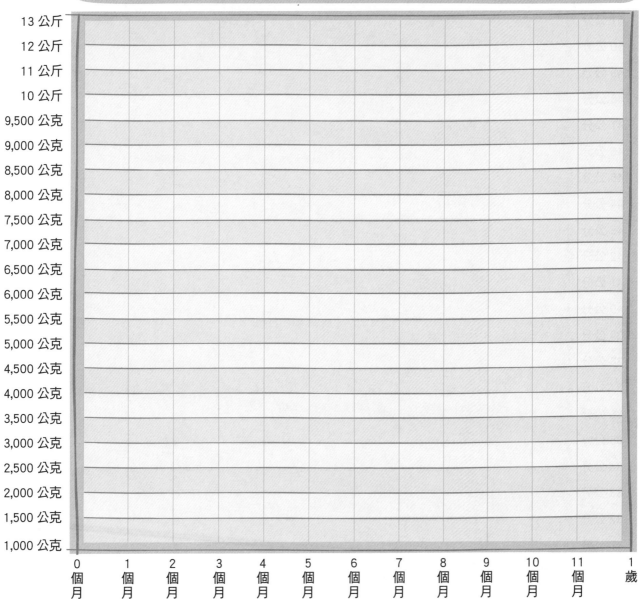

	0 個月	1 個月	2 個月	3 個月	4 個月	5 個月	6 個月	7 個月	8 個月	9 個月	10 個月	11 個月	1 歲
13 公斤													
12 公斤													
11 公斤													
10 公斤													
9,500 公克													
9,000 公克													
8,500 公克													
8,000 公克													
7,500 公克													
7,000 公克													
6,500 公克													
6,000 公克													
5,500 公克													
5,000 公克													
4,500 公克													
4,000 公克													
3,500 公克													
3,000 公克													
2,500 公克													
2,000 公克													
1,500 公克													
1,000 公克													

寶寶的頭圍成長曲線表（0個月～1歲）

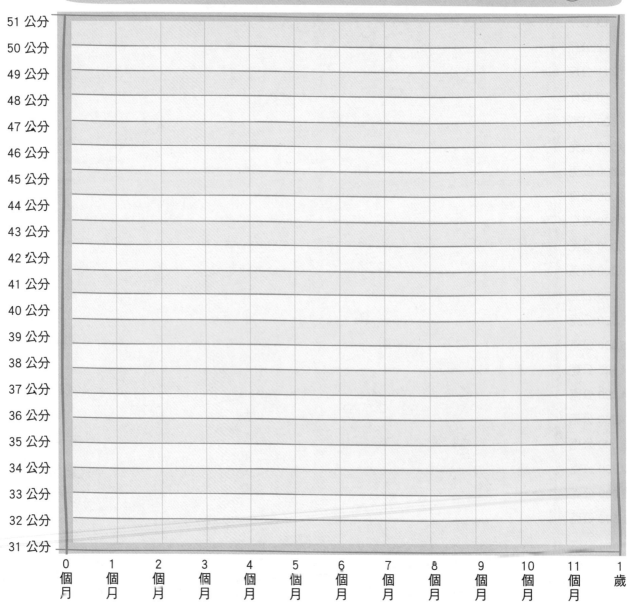

寶寶乳牙生長記錄表

上

上排中門齒 　年　　月　　日

上排中門齒 　年　　月　　日

上排側門齒 　年　　月　　日

上排側門齒 　年　　月　　日

上排犬齒 　年　　月　　日

上排犬齒 　年　　月　　日

上排第一臼齒
　年　　月　　日

上排第一臼齒
　年　　月　　日

上排第二臼齒
　年　　月　　日

上排第二臼齒
　年　　月　　日

右 － － － － － － － － － 左

下排第二臼齒
　年　　月　　日

下排第二臼齒
　年　　月　　日

下排第一臼齒
　年　　月　　日

下排第一臼齒
　年　　月　　日

下排犬齒 　年　　月　　日

下排犬齒 　年　　月　　日

下排側門齒 　年　　月　　日

下排側門齒 　年　　月　　日

下排中門齒 　年　　月　　日

下排中門齒 　年　　月　　日

下

超實用的寶寶資訊網站

網站名稱	網址
Babyhome 寶貝家庭親子網	http://www.babyhome.com.tw/
Babymama 寶寶媽媽社群親子網	http://www.babymama.com.tw/
大肚婆網站	http://www.dadupo.com.tw/
嬰兒與母親雜誌	http://www.baby-mother.com.tw/
台灣母乳協會	http://www.breastfeeding.org.tw/tutorial/tutorial_new.php
ㄋㄟㄋㄟ共和國	http://www.breastfeeding.org.tw/forum/discuz/
寶貝花園育兒天地	http://www.babysgarden.org/main.php
MAMAPAPA 親子網	http://mama-papa.2at.com.tw/
BBCLUB 親子俱樂部	http://www.bbclub.com.tw/
信誼奇蜜親子網	https://www.kimy.com.tw/
Get Jetso 著數交流網	http://www.getjetso.com/forum/forum-86-1.html
百家寶親子網	http://www.peegaboo.com/
胖胖熊互動親子網	http://www.fbook.com.tw
好媽媽懷孕寶寶交流網	http://www.howmama.com.tw/
台灣親子教育協會	http://www.parenting.tw/

網站名稱	網址
貝親	http://www.pigeonbaby.com.tw/
貝恩	http://www.baan.com.tw/
台灣康貝股份有限公司	http://www.combi.com.tw/
PUKU 藍色企鵝	http://www.puku.com.tw/home.asp
HerBuy 好買	http://www.herbuy.com.tw/index.php
Nac Nac	http://www.nacnac.com.tw/
澳貝玩具	http://auby.auldey.com/
Toyroyal 樂雅	http://www.toyroyal.com.tw/
親親寶寶	http://baby.org.hk/
親子王國	http://www.baby-kingdom.com/forum.php
荷花育兒親子網	http://www.eugenegroup.com.hk/index.php
Baby Star 親子購物網	www.babystar.tw
MaMa STATION	http://www.mamastation.com/index.php
愛嬰醫院香港協會	http://www.babyfriendly.org.hk/c/welcome.php
寶貝動力孕婦嬰兒用品店	http://babyclass.babypower.hk

超實用的寶寶資訊網站

網站名稱	網址
BabyCenter	http://www.babycenter.com/
Babies" R" Us	http://www.toysrus.com/shop/index.jsp?categoryId=2255957
BabyZone	http://www.babyzone.com/
Baby.com	http://www.baby.com/
Moms and babes workshop	http://www.momsandbabes.co.za/
buy buy BABY	http://www.buybuybaby.com/
Parents	http://www.parents.com/
Parents	http://www.parents.com/baby/
Newborn Baby	http://www.thenewbornbaby.net/
NUK Baby	http://www.nuk.com/
ivillage	http://www.ivillage.com/baby#undefined
Health Education	http://familydoctor.org
Baby Toolkit	http://babytoolkit.blogspot.com/
baby.com	http://www.baby.com/new-moms.html
Baby Toolkit	http://babytoolkit.blogspot.com/

網站名稱	網址
Parenting.com	http://www.parenting.com/
Parenting.org	http://www.parenting.org/
Better Parenting	http://www.betterparenting.com/
Philips AVENT	http://www.avent.com/
Baby l Bounty	http://www.bounty.com/baby
Wholesomebabyfood	http://wholesomebabyfood.momtastic.com/index.htm
Johnson's	http://www.johnsonsbaby.com/
Chicco	http://www.chicco.com
Pacifier	http://store.pacifieronline.com/
babies online	http://www.babiesonline.com/
Baby Products at About.com	http://babyproducts.about.com/
By Baby	http://www.bybaby.com/
ELC Toy Shop	http://www.elc.co.uk/
Fisher-Price	http://www.fisher-price.com/us/default.aspx
Early Baby Store	http://www.earlybaby.co.uk/index.asp
1 Two Kids Limited	http://www.1two.co.uk/
Raising Children Network	http://raisingchildren.net.au/

寶寶就診記錄表

時間： 年
月 日
身高： 公分
頭圍： 公分
胸圍： 公分

就診原因

時間： 年
月 日
身高： 公分
頭圍： 公分
胸圍： 公分

就診原因

時間： 年
月 日
身高： 公分
頭圍： 公分
胸圍： 公分

就診原因

時間： 年
月 日
身高： 公分
頭圍： 公分
胸圍： 公分

就診原因

時間： 年
月 日
身高： 公分
頭圍： 公分
胸圍： 公分

就診原因

時間： 年
月 日
身高： 公分
頭圍： 公分
胸圍： 公分

就診原因

時間： 年

月　　　日

身高：　　　　公分

頭圍：　　　　公分

胸圍：　　　　公分

就診原因

時間： 年

月　　　日

身高：　　　　公分

頭圍：　　　　公分

胸圍：　　　　公分

就診原因

時間： 年

月　　　日

身高：　　　　公分

頭圍：　　　　公分

胸圍：　　　　公分

就診原因

時間： 年

月　　　日

身高：　　　　公分

頭圍：　　　　公分

胸圍：　　　　公分

就診原因

時間： 年

月　　　日

身高：　　　　公分

頭圍：　　　　公分

胸圍：　　　　公分

就診原因

時間： 年

月　　　日

身高：　　　　公分

頭圍：　　　　公分

胸圍：　　　　公分

就診原因

寶寶最愛的
玩具、遊戲、點心
有哪些？

畫圖或貼上照片
Memo

畫圖或貼上照片
Memo

畫圖或貼上照片
Memo

畫圖或貼上照片
Memo

畫圖或貼上照片

Memo

畫圖或貼上照片

Memo

畫圖或貼上照片

Memo

畫圖或貼上照片

Memo

寶寶食品、用品採購店家

店名	物品名稱	地址和電話	其他

寶寶禮物記錄表

日期	禮物內容	送禮人	大約價格	其他

親愛的寶寶，

我們已經相處一年了。

看著你從出生、會坐會爬，到第一次喊爸爸媽媽，

這 12 個月，我們一起走過許許多多的感動。

希望你永永遠遠，

都保有可愛的笑容。

一年的育兒日記

出生～1歲寶寶記錄

My Baby's 365 Diary

編著｜美好生活實踐小組

美術設計｜鄭寧寧

編輯｜彭文怡

校對｜連玉瑩、郭靜澄

行銷｜石欣平

企劃統籌｜李橘

總編輯｜莫少閒

出版者｜朱雀文化事業有限公司

地址｜台北市基隆路二段13-1號3樓

電話｜02-2345-3868

傳真｜02-2345-3828

劃撥帳號｜19234566朱雀文化事業有限公司

e-mail｜redbook@ms26.hinet.net

網址｜http://redbook.com.tw

總經銷｜大和書報圖書股份有限公司（02）8990-2588

ISBN｜978-986-6029-13-4

初版十刷｜2016.07

定價｜新台幣399元

出版登記北市業字第1403號

國家圖書館出版品預行編目

一年的育兒日記：出生～1歲寶寶記錄／美好
生活實踐小組編著----初版.----台北市：朱雀文化
　面；　公分. ----（MY BABY；05）
ISBN　978-986-6029-13-4（精裝）
1.育兒
428　　　　　　　　　　　　　101002657

About買書

●朱雀文化圖書在北中南各書店及誠品、金石堂、何嘉仁等連鎖書店均有販售，如欲購買本公司圖書，建議你直接詢問書店店員。如果書店已售完，請洽本公司。

●●至朱雀文化網站購書（http:// redbook.com.tw），可享85折起優惠。

●●●至郵局劃撥（戶名：朱雀文化事業有限公司，帳號19234566），掛號寄書不加郵資，4本以下無折扣，5～9本95折，10本以上9折優惠。

COTEX® 柔布帕

取代湿纸巾 **超吸水** **最柔细的小手帕** **好清洗**

環保與省錢其實是可以兼顧的。隨手抽取面紙、濕巾幫寶寶擦嘴巴或是擦屁屁，不知不覺就花了錢也製造了垃圾。COTEX的柔布帕，超輕、超柔、超吸水最適合幫寶寶擦口水或是沾溫水當成濕巾使用。與3M合作的易去污技術，就算幫寶寶擦滿嘴的番茄醬也很容易的清洗。

關於 COTEX®

COTEX是一個婦、幼以及銀髮族這三大族群所需要的機能商品品牌。所有商品的設計目的都是在協助解決使用者照護上所遇到的問題。品牌的理念完全依循環境保護3R的政策(Recycle循環再生、Reuse重覆使用、Reduce垃圾減量)，並以機能(Function)、健康(Health)與環保(Environmental Protection)為商品研發導向。

環保布尿褲

環保、小身氣、污氣、防水

防水、透氣、防蟎

艾爾芬達授乳枕

三雨國際股份有限公司　台中市大里區國中路十股巷166弄1號

官網：www.cotex.cc
客服電話：04-2418-1169